Khadar H Mohamed

# Geração de laser de fibra Q-switched

Khadar H Mohamed

# Geração de laser de fibra Q-switched

## Geração de laser de fibra Q-switched usando materiais 2D como absorvedor saturável

ScienciaScripts

**Imprint**
Any brand names and product names mentioned in this book are subject to trademark, brand or patent protection and are trademarks or registered trademarks of their respective holders. The use of brand names, product names, common names, trade names, product descriptions etc. even without a particular marking in this work is in no way to be construed to mean that such names may be regarded as unrestricted in respect of trademark and brand protection legislation and could thus be used by anyone.

Cover image: www.ingimage.com

This book is a translation from the original published under ISBN 978-620-2-06229-9.

Publisher:
Sciencia Scripts
is a trademark of
Dodo Books Indian Ocean Ltd. and OmniScriptum S.R.L publishing group

120 High Road, East Finchley, London, N2 9ED, United Kingdom
Str. Armeneasca 28/1, office 1, Chisinau MD-2012, Republic of Moldova, Europe
Managing Directors: Ieva Konstantinova, Victoria Ursu
info@omniscriptum.com

Printed at: see last page
**ISBN: 978-620-8-50832-6**

# AGRADECIMENTOS

Em primeiro lugar, é com o maior prazer que dedico este trabalho aos meus queridos pais e à minha família, que me concederam a dádiva de acreditarem inabalavelmente na minha capacidade de atingir este objetivo: obrigado pelo vosso apoio e paciência.

Gostaria de expressar a minha gratidão e agradecimento ao meu orientador, Dr. Belal Ahmed Hamida, por ter dado a orientação adequada para concluir a minha investigação e também pela sua incansável motivação e apoio durante todo o período desta investigação. A redação desta dissertação eficaz e bem sucedida teria sido impossível sem a sua supervisão, motivação, orientação e conselhos. Estou igualmente grato ao meu co-orientador, Prof. Dr. Sheroz Khan, pelas suas valiosas sugestões e ajuda na redação do meu trabalho de investigação.

Gostaria de expressar a minha gratidão e apreço aos meus amigos e colegas pelo seu apoio e conselhos contínuos durante o período de realização deste trabalho de investigação. Gostaria também de agradecer a todos os que me deram conselhos e apoio valiosos durante este trabalho de investigação. Gostaria também de agradecer a todos os meus professores no Kulliyyah of Engineering

Gostaria de expressar o meu apreço e agradecimento a todos aqueles que disponibilizaram o seu tempo, esforço e apoio para este projeto. Em especial, aos meus colegas da Universidade da Malásia, que me ajudaram a realizar a minha experiência no seu laboratório de fotónica, a quem ficarei eternamente grato.

# ÍNDICE DE CONTEÚDOS

## LISTA DE ABREVIATURAS

| | |
|---|---|
| CNT | Carbon Nano Tubes |
| CW | Continuous Wave |
| EDF | Erbium Doped Fiber |
| EDFL | Erbium Doped Fiber Laser |
| FET | Field Effect Transistor |
| FWHM | Full Width at Half Maximum |
| LD | Laser Diode |
| MoS2 | Molybdenum Disulfide |
| NPR | Nonlinear Polarization Rotation |
| OMM | Optical Multi Meter |
| OSA | Optical Spectrum Analyzer |
| PE | Pulse Energy |
| PP | Peak Power |
| RF | Radio Frequency |
| RR | Repetition Rate |
| S | Sulfur |
| SA | Saturable Absorber |
| SE | Selenium |
| SEM | Scanning Electron Microscopy |
| SESAM | Semiconductor Saturable Absorption Mirror |
| SNR | Signal-to-Noise ratio |
| SWCNT | Single-Walled Carbon Nanotubes |
| TE | Tellurium |
| TMD | Transition Metal Dichalcogenides |
| WS2 | Tungsten Disulfide |
| WDM | Wave Division Multiplexing |

# LISTA DE SÍMBOLOS

| $A$ | Normalization constant |
|---|---|
| $cm$ | Centimeter |
| dB | Decibels |
| I | Transmission |
| I sat | Saturation Intensity |
| I | Incident intensity |
| KHz | Kilohertz |
| L | Length of the cavity |
| m | Meter |
| mA | Milli Ampere |
| mm | Millimeter |
| mW | Milli Watt |
| MHZ | Mega Hertz |
| nm | Nanometer |
| T | Power Dependent Transmitter |
| $T_R$ | Cavity Round trip time |
| $>$ | Less than |
| $<$ | Greater than |
| $\Delta_T$ | Modulation depth |
| $V_O$ | Operating frequency |
| $\mu_S$ | Microsecond |
| $\tau_O$ | Photon life time |
| $\mu_J$ | Micro joule |
| $p_o$ | Average output power |
| $n_J$ | Nano joule |
| $(V)$ | Stimulated Emission |
| $I_{sat}$ | Saturation intensity |

# CAPÍTULO UM
# INTRODUÇÃO

## 1.1. ANTECEDENTES E MOTIVAÇÃO

A área dos lasers de fibra desenvolveu-se muito rapidamente na última década. No entanto, os lasers de fibra baseados em fibra dopada com érbio (EDF) são os que mais se desenvolveram nos últimos anos (Bellemare et al., 2001). A fibra dopada com érbio (EDF) representa um meio de ganho neste trabalho porque tem a capacidade de amplificar a luz na região de comprimento de onda de 1550 nm. (Mears, Reekie, Jauncey, & Payne, 1987).

No sistema de comunicações ópticas contemporâneo, o EDF é utilizado como amplificador devido à sua grande largura de banda situada a 1550 nm. Além disso, o amplificador EDF tem a capacidade de amplificar canais de dados com as taxas de dados mais elevadas de uma só vez em sistemas de multiplexagem por divisão de ondas densas (WDM) com um baixo ruído (Desurvire, Simpson, & Becker, 1987). Além disso, os lasers EDF (EDFLs) têm recebido atenção significativa de muitos pesquisadores devido à sua proficiência na área de comunicação ótica e aplicações de sensores de fibra (Kang et al., 2016). Nos últimos tempos, os EDFLs em Q-switched passivamente tornaram-se mais preferíveis devido às suas operações prospectivas em medicina, sensoriamento remoto, diagnóstico biomédico, telecomunicações, sensoriamento de fibra ótica (H. Ahmad et al., 2016; Pan, Utkin, & Fedosejevs, 2007) O método de laser Q-switched passivamente usando absorvedores saturáveis tem muitos benefícios em comparação com a técnica ativa que as vantagens incluem natureza de simplicidade, compacidade e flexibilidade (Heping et al., 2015).

Atualmente, existem muitas técnicas que podem ser utilizadas para obter lasers Q-switched passivos, algumas dessas técnicas são: rotação de polarização não linear (NPR) (Harith Ahmad, Hassan, Aidit, & Tiu, 2016) espelhos absorventes saturáveis de semicondutores (SESAM), cristais a granel dopados com metais de transição, grafeno (H. Ahmad et al., 2016) e nanotubos de carbono de parede simples (SWCNT) (Chu et al., 2015). No entanto, o processo de fabrico do SESAM é complicado e o custo do material é caro e volumoso. Outra técnica alternativa que é o SA baseado em SWCNTs, primeiro é simples de fabricar, bem como económico. No entanto, tem um limiar de dano baixo e não pode obter a gama exacta de comprimentos de onda do absorvedor saturável, pelo que precisa de corresponder ao intervalo de banda dependente do diâmetro (Saidin et al., 2013).

Os materiais 2D são materiais transparentes que envolvem uma única ou poucas camadas de átomos. Desde que o grafeno foi isolado em 2004, uma grande quantidade de investigação tem-se concentrado na síntese do grafeno, na compreensão das suas propriedades físicas exclusivas e na análise do seu potencial significativo para utilização em eletrónica, fotónica e optoelectrónica. 6 anos mais tarde, começaram a surgir novos estímulos com o reconhecimento de materiais 2D com grandes bandgaps. Os exemplos típicos são os dicalcogenetos de metais de transição (TMD) e o fósforo negro (Da, Ei, Ia, & Hao, 2016).

(Os nanomateriais 2D, em especial os semicondutores de sulfuretos de metais de transição, têm sido alvo de grande atenção devido à sua utilização específica em dispositivos optoelectrónicos e fotónicos viáveis, como absorventes saturáveis e comutadores ópticos. No entanto, os materiais bidimensionais (2D) originais sugerem um novo domínio de nanossistemas 2D e têm atraído grande interesse nos últimos anos. Os nanomateriais 2D dicalcogenetos metálicos de transição (TMD), como o dissulfureto de molibdénio (MOS2) e o dissulfureto de tungsténio (WS2), também têm atraído muita atenção devido às suas caraterísticas semicondutoras com bandgaps sintonizáveis e à sua natureza abundante. (Wu, Zhang, Wang, Li, & Chen, 2015).

TMD significa dicalcogenetos de metais de transição, é um grupo de materiais que envolve um metal de transição M e um calcogeneto Q. No entanto, nem todos os TMDs são semicondutores, alguns deles são metálicos, mas os que contêm Mo e S (MoS2, MoSe2, WS2 e WSe2) são semicondutores com bandgaps significativos (Schwierz, 2013). O dissulfureto de molibdénio (MoS2) é constituído por uma camada hexagonal de molibdénio ensanduichada por duas camadas de enxofre. O MoS2 tem um bulk semicondutor indireto com um bandgap de 1,29eV (961mm), por outro lado, o bandgap direto da monocamada é diretamente aumentado em 1,80eV (689nm) (Tongay et al., 2012). Enquanto o WS2 contém uma camada hexagonal de tungsténio ensanduichada por duas camadas de enxofre. O WS2 tem uma massa semicondutora com um bandgap de 1,4eV (0,886μm), por outro lado, o bandgap direto da monocamada é de 2,1eV (0,59μm) (H. Ahmad et al., 2016).

Nesta tese, as EDFLs com Q-switched são demonstradas utilizando dois absorvedores saturáveis (SAs) recentemente desenvolvidos, baseados em nanomateriais MoS2 e WS2 2D.

## 1.2. DECLARAÇÃO DO PROBLEMA

A fibra ótica é a técnica mais preferida para a transmissão de comunicações e a fibra ótica dopada com terras raras, introduzida em 1973, tornou-se a técnica mais preferida de amplificação ótica. O ganho da fibra ótica dopada com terras raras tem uma grande largura de banda, o que permite fazer com que um laser produza impulsos ultra-curtos. Assim, este laser seria todo ele bombeado por um laser de díodo de fibra e teria a capacidade de produzir impulsos inferiores a meio picossegundo. Para resolver este problema, foi produzida uma fibra dopada com terras raras, como o érbio, para se tornar o próximo laser de fibra. Os actuais absorvedores saturáveis (SAs) têm muitos problemas, como a sensibilidade ambiental, a largura de banda de funcionamento limitada, os alinhamentos ópticos complexos e o fabrico complexo, problemas que restringem a sua aplicação ótica. Por conseguinte, os investigadores esforçam-se por encontrar um novo absorvente saturável que tenha um bom desempenho para sistemas laser pulsados. Atualmente, novos nanomateriais 2D, como o MoS2 e o WS2, têm atraído muita atenção de diferentes aplicações optoelectrónicas, devido às suas propriedades ópticas e de band-gap dependentes da espessura, bem como à sua simplicidade de fabrico. Assim, neste estudo, ambos os novos materiais são estudados para aplicações de Q-switching em cavidades EDFL.

## 1.3. OBJECTIVOS DA INVESTIGAÇÃO

O principal objetivo deste trabalho de investigação é mostrar as gerações de operação de Q-switching em cavidades de laser de fibra dopada com érbio utilizando novos nanomateriais 2D como SA. Definitivamente, há três objectivos deste trabalho de investigação e são os seguintes:

1. Fabricar e descrever SA à base de dissulfureto de tungsténio (WS2) e dissulfureto de molibdénio (MOS2).
2. Demonstrar a EDFL com Q-switched utilizando o recém-desenvolvido SA à base de dissulfureto de tungsténio (WS2).
3. Demonstrar a EDFL com Q-switched utilizando o novo SA à base de bissulfureto de molibdénio (MoS2) e comparar estes resultados com os anteriores.

## 1.4. ÂMBITO DA INVESTIGAÇÃO

O principal objetivo desta investigação é gerar um trem de impulsos passivamente Q-switched na cavidade de um laser de fibra dopada com érbio utilizando materiais 2D como absorção saturável. O âmbito desta investigação limita-se a gerar um pulso de Q-switching EDFL utilizando dicalcogenetos de metais de transição TMDs semicondutores de absorção saturável SAs, especialmente dissulfureto de molibdénio (MoS2) e dissulfureto de tungsténio (WS2), bem como a comparar o desempenho dos resultados de MoS2 e WS2.

## 1.5. METODOLOGIA DE INVESTIGAÇÃO

Para atingir os objectivos acima referidos, foi seguida a seguinte metodologia.

- Revisão da literatura: para investigar e ler a investigação actualizada e relacionada que tem sido feita sobre absorvedores saturáveis passivos Q-switched baseados em MoS2 e WS2. Identificar a técnica útil que os investigadores anteriores obtiveram e tentar melhorar o método existente.
- Implementar e conceber a cavidade em anel que é utilizada nesta experiência
- Para testar a funcionalidade da cavidade em anel proposta que é utilizada
- Reunir este trabalho numa tese completa e publicar artigos de investigação e conferências. A metodologia pormenorizada é apresentada no capítulo três.

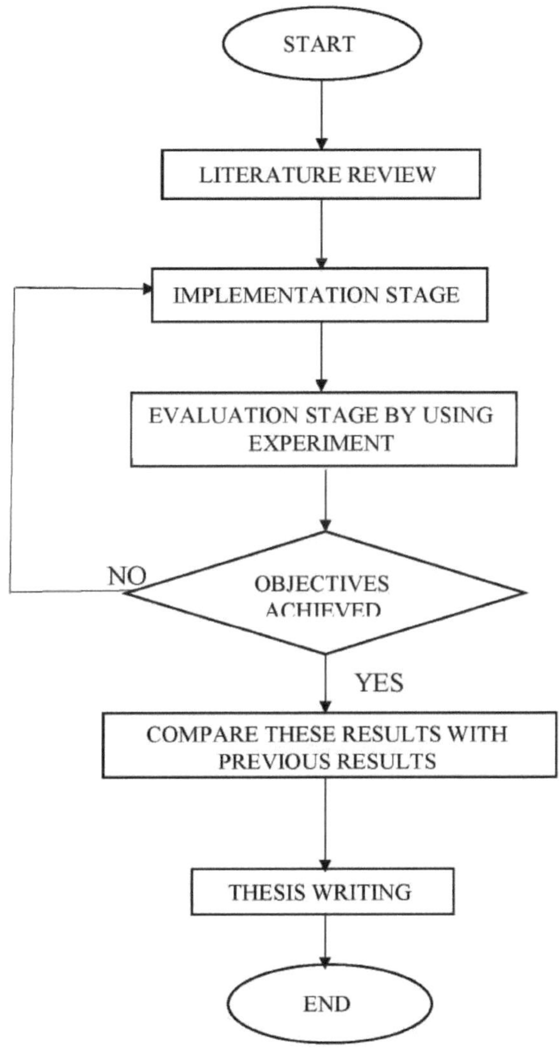


**Figura 1.1 Metodologia**

## 1.6. ORGANIZAÇÃO DE INVESTIGAÇÃO

Este projeto de investigação está organizado em cinco capítulos. O objetivo deste projeto de investigação é gerar uma operação de Q-switching em trem de impulsos na cavidade EDFL utilizando um novo nanomaterial 2D como SA. O primeiro capítulo faz uma breve introdução sobre laser de fibra, EDF, SA, nanomateriais 2D, Q-switching e TMD, e depois ilustra a declaração do problema seguida dos objectivos da investigação. O capítulo dois apresenta a revisão da literatura sobre os princípios do Q-switching, seguida dos materiais 2D e dos absorvedores saturáveis. O capítulo três centra-se nos MOS2 e WS2 para a geração de um comboio de impulsos de Q-switching num EDFL em anel. O SA é fabricado com flocos de MOS2, obtidos pelo método de esfoliação mecânica, e líquido de WS2. Os flocos de MOS2 e o líquido de WS2 são ensanduichados entre dois ferrolhos de fibra, utilizando a correspondência de índices, gel e secador, respetivamente, para formar um dispositivo SA. Este é incorporado numa cavidade EDFL para obter um trem de impulsos de Q-switching estável. O quarto capítulo descreve os resultados e a discussão dos mesmos. O capítulo cinco apresenta as conclusões e recomendações para trabalhos futuros.

# CAPÍTULO DOIS
# REVISÃO DA LITERATURA

## 2.1. INTRODUÇÃO

Neste capítulo, é feita uma revisão exaustiva da literatura que incide sobre as investigações mais recentes. De facto, o objetivo desta investigação é gerar um laser de fibra dopada com érbio com Q-switched utilizando os recém-desenvolvidos materiais absorventes saturáveis de dissulfureto de tungsténio (WS2) e dissulfureto de molibdénio (MoS2). Em primeiro lugar, é apresentada a teoria subjacente aos lasers de fibra, especialmente ao laser de fibra dopada com érbio (EDFL). Além disso, é discutida a técnica de comutação Q. Além disso, são descritos os materiais 2D, incluindo os absorventes saturáveis (SAs) e os dicalcogenetos metálicos de transição (TMDs). Na parte final deste capítulo, são estudados os trabalhos relacionados que os investigadores relataram até à data neste domínio e o resumo do capítulo.

## 2.2. LASERS DE FIBRA

Laser significa (amplificação da luz por emissão estimulada de radiação), é um dispositivo que emite luz através de um processo de amplificação ótica baseado na emissão estimulada de radiação electromagnética. O princípio da ação do laser foi demonstrado pela primeira vez em 1960, utilizando um cristal de rubi como meio laser e, desde então, o laser passou de um estatuto de interesse científico para uma aplicação fundamental numa vasta gama de domínios. Os lasers têm muitas aplicações, como o corte a laser, as impressoras a laser, a cirurgia a laser, a fibra ótica, a medição de distâncias e muitas outras. No início da década de 1960, os lasers de fibra ótica foram estabelecidos de forma imprevisível e rápida após a criação dos lasers de vidro a granel. Os lasers de fibra ótica são uma tecnologia desenvolvida que se tornou uma ferramenta importante para simplificar uma vasta gama de aplicações, como as científicas, médicas e industriais (Robert I Woodward & Kelleher, 2015).

Além disso, a fibra ótica é constituída por duas camadas que se cobrem mutuamente, a saber, uma camada de núcleo e uma camada de revestimento, como se mostra na figura abaixo, o núcleo é coberto pela camada de revestimento, que tem um índice de refração inferior ao do núcleo. Assim, a camada do núcleo tem a capacidade de conduzir a luz por reflexão interna total. Além disso, existe outra camada importante para os lasers de fibra que protege a fibra dos desafios ambientais, camada essa designada por revestimento. A Figura 2.1 ilustra a estrutura simples do laser de fibra. De um modo geral, tanto a bomba como a radiação laser são guiadas numa forma de onda ativa dopada.

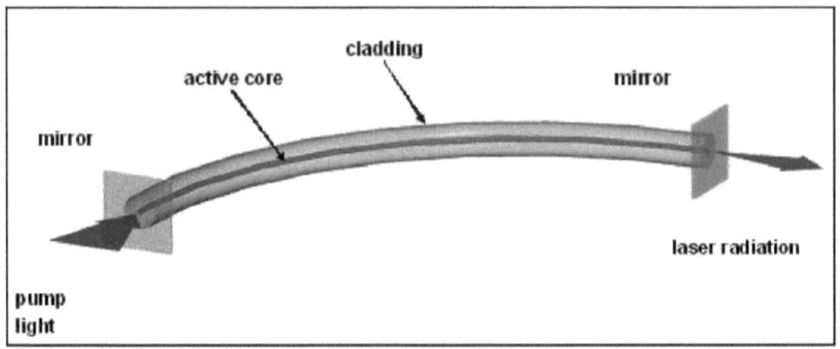

**Figura 2.1 Diagrama de estrutura simples para lasers de fibra (Tunnermann, Schreiber, & Limpert, 2010).**

## 2.2.1. LASER DE FIBRA DOPADA COM ÉRBIO

No início dos anos sessenta, quando os primeiros lasers de fibra dopada com terras raras foram introduzidos, muitos dispositivos activos obtiveram oportunidades, como a geração de impulsos ultra-curtos, que têm um grande potencial para muitas aplicações (Tunnermann et al., 2010).

A fibra dopada com érbio é uma fibra ótica cujo núcleo é dopado com iões de érbio do elemento terras raras $Er^{3+}$ . A fibra dopada com érbio (EDF) representa como meio de ganho neste trabalho a capacidade de amplificar a luz na região de comprimento de onda de 1550 nm. (Mears, Reekie, Jauncey, & Payne, 1987) Os lasers EDF (EDFLs) têm recebido uma atenção significativa de muitos investigadores devido à sua proficiência na área das comunicações ópticas e aplicações de sensores de fibra (Kang et al., 2016). Nos últimos tempos, os EDFLs em Q-switched passivo têm recebido um interesse significativo devido às suas potenciais aplicações em medicina, deteção remota, diagnóstico biomédico, metrologia, deteção de fibra ótica e telecomunicações (Ahmad et al., 2016; Pan, Utkin, & Fedosejevs, 2007).

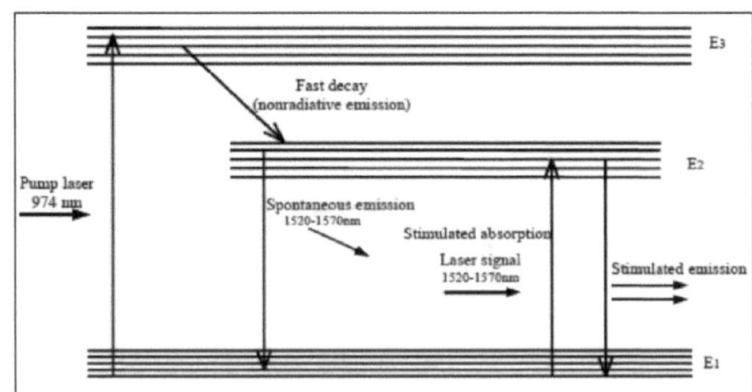

**Figura 2.2 Nível de energia simplificado dos Eriões na fibra dopada com érbio (Zhu, Qian, & Helmy, n.d.)**

## 2.3. Q-SWITCHING

A primeira vez que se introduziu o Q-switching foi em 1961 e a prova experimental foi apresentada um ano mais tarde. O Q-switching é uma técnica que permite gerar impulsos laser curtos de curta duração (de nanossegundos a picossegundos) e de elevada potência de pico. Por outras palavras, o Q-switching é um método para produzir impulsos laser curtos em que a largura do impulso varia entre nanossegundos e picossegundos e a taxa de repetição é em KHz (Keller, 2000). Estes lasers de impulsos curtos podem ser amplamente utilizados em diferentes aplicações, como as telecomunicações, o processamento de materiais industriais, a deteção de distâncias, a medicina e a deteção remota (Kim et al., 2015; R. I. Woodward et al., 2015).
De acordo com (Wilson & Hawkes, 1998), para encontrar um laser de impulsos Q-switch eficaz são necessários dois requisitos importantes, a saber.

A taxa de bombagem deve ser mais rápida do que a taxa de decaimento espontâneo do nível superior de lasing, caso contrário, o nível superior esvaziar-se-á mais rapidamente do que pode ser preenchido, pelo que não será possível obter uma inversão de população suficientemente grande.

O Q-switch deve comutar rapidamente em comparação com a acumulação de oscilações do laser, caso contrário, estas últimas acumular-se-ão gradualmente e obter-se-á um impulso mais longo, reduzindo assim a potência de pico. Na prática, o Q-switch deve funcionar num tempo inferior a 1ns.
No Q-switching, o limiar de ganho, a perda e a inversão da população na cavidade do laser desempenham um papel importante (Wilson & Hawkes, 1998).
O ganho de limiar $\gamma_{th}$ é definido do seguinte modo:

$$\gamma_{th} = \alpha - \frac{1}{2L}\ln(R_1 R_2) \qquad (2.1)$$

Onde, L é o comprimento da cavidade, e R é o coeficiente que corresponde à reflectância dentro da cavidade. O limiar de ganho aumenta quando o coeficiente de perda $a$ é aumentado, ao passo que a lasing é interrompida se o coeficiente de perda $a$ exceder o coeficiente de ganho da cavidade. Por conseguinte, o coeficiente de ganho para uma dada frequência $\gamma_v$ é diretamente proporcional à inversão da população e pode ser escrito como:

$$\gamma_v = \sigma(v)\left(N_2 - \frac{g_2}{g_1} N_1\right) \qquad (2.2)$$

Onde, σ(v) é a secção transversal de emissão estimulada do meio de ganho, e $g$ é o coeficiente relacionado com a probabilidade de emissão dos coeficientes de Einstein. Além disso, quando a inversão da população aumenta, o ganho na cavidade também aumenta. O fator de qualidade Q deve ser diminuído para obter um Q-switch utilizando técnicas passivas ou activas . O fator de qualidade Q pode ser definido, em geral, da seguinte forma

$$Q = 2\pi \frac{energy\ stored\ in\ the\ resonant}{energy\ dissipated\ per\ cycle} = \frac{2\pi v_o\ L_g}{c(1-R)} = 2\pi v_0\ \tau_0 \qquad (2.3)$$

Where,

$$\tau_0 \approx \frac{1}{c\alpha} \qquad (2.4)$$

Em que, $v_0$ é a frequência de funcionamento e $\tau_0$ é o tempo de vida dos fotões do meio de ganho.
Uma vez que a perda e o tempo de vida dos fotões são inversos, o fator Q pode ser reduzido quando a perda $a$ é aumentada, tal como referido na equação (2.3).

Além disso, o Laser Q-switching pode ser gerado através de técnicas activas (Yap et al., 2015) ou passivas (Luo et al., 2014).

## 2.4. PARÂMETROS SIGNIFICATIVOS DO LASER PULSADO

Existem vários parâmetros que são utilizados para caraterizar a saída do laser de impulsos. Estes parâmetros incluem a potência de pico, a taxa de repetição, a largura do impulso e a energia do impulso. Assim, estes parâmetros serão analisados um a um nesta parte.

### 2.4.1. Energia de impulso (P )$_E$

A energia de impulso é o conteúdo total de energia ótica de um impulso ou o integral da sua potência ótica ao longo do tempo. Para o Q-switching, a energia de impulso típica tem uma gama de medição que vai de micro joules a mil joules. Além disso, a equação da energia de impulso é a divisão da potência média pela largura do impulso.

$$P_E = \frac{P_o}{R_r} \qquad (2.5)$$

Onde, $P_o$ é a potência média de saída e $R_r$ é a taxa de repetição.

### 2.4.2. Taxa de repetição (R )$_r$

A taxa de repetição é o número de impulsos emitidos por segundo ou a forma temporal inversa dos impulsos. A taxa de repetição é inversamente proporcional à largura do impulso. No caso do Q-switching, as variações da potência afectam a taxa de repetição.

### 2.4.3. Largura do impulso $(t)_d$

A largura do impulso dentro da qual a potência está a metade da potência de pico é designada por largura do impulso. Por outras palavras, a largura total a meio máximo (FWHM). O ajuste da função gaussiana é utilizado na autocorrelação do impulso para definir a forma do impulso. No caso do Q-switching, a largura do impulso situa-se no regime dos nanossegundos.

### 2.4.4. Potência de pico $(P)_p$

A potência de pico é o nível mais elevado de potência ótica súbita em impulsos. A potência de pico pode ser calculada a partir da largura e da energia do impulso. A alteração da potência depende da forma temporal do impulso. Para o impulso solitão com ajuste $sech^2$, a potência de pico é

$$P_P \approx 0.94 \frac{P_E}{\tau_d} \quad (2.6)$$

## 2.5. ABSORVEDORES SATURÁVEIS

Os absorventes saturáveis (SAs) são materiais ópticos não lineares com uma perda ótica específica, que é reduzida com uma intensidade de luz elevada. Esta perda ótica ocorre num meio de ganho com iões dopantes absorventes, quando uma intensidade ótica elevada leva à redução do estado fundamental destes iões. A aplicação mais importante do absorvedor saturável é a geração de impulsos curtos para os métodos Q-switch e mod-lock. Normalmente, uma das caraterísticas dos absorvedores saturáveis é o facto de absorverem fortemente intensidades de luz baixas, o que não acontece com intensidades de luz elevadas. Os absorventes saturáveis podem ser divididos em duas classificações principais: absorventes saturáveis reais e absorventes saturáveis artificiais. Os absorventes saturáveis reais são materiais que apresentam uma redução não linear intrínseca da absorção com 16 intensidade luminosa crescente. Os absorventes saturáveis artificiais são dispositivos que exploram efeitos não lineares para imitar a ação de um absorvente saturável real, induzindo uma transmissão dependente da intensidade (Robert I Woodward & Kelleher, 2015).

A descoberta dos verdadeiros absorvedores saturáveis SAs começou com o absorvedor saturável de semicondutores (SESAM) no início de 1990. No ano de 2009, a descoberta do grafeno como SA conduziu a um prémio Nobel em 2010 que revelou novas e excitantes propriedades do grafeno e de outros materiais cristalinos bidimensionais (2D) relacionados. O material seguinte à descoberta do grafeno são os nanotubos de carbono (CNT). Este material tornou-se um dos SAs importantes na produção de laser de fibra de comutação Q.

### 2.5.1. Materiais bidimensionais (2D) como absorventes saturáveis

Os materiais 2D são materiais transparentes que envolvem uma única ou poucas camadas de átomos. Desde que o grafeno foi isolado em 2004, uma grande quantidade de investigação tem-se concentrado na síntese do grafeno, na compreensão das suas propriedades físicas exclusivas e na análise do seu potencial significativo para utilização em eletrónica, fotónica e optoelectrónica. 6 anos mais tarde, começaram a surgir novos estímulos com o reconhecimento de materiais 2D com grandes bandgaps. Exemplos típicos são os dicalcogenetos de metais de transição (TMD) e o fósforo negro (Da, Ei, Ia, & Hao, 2016).

A descoberta do grafeno, em 2004, impulsionou o renascimento de um novo domínio de investigação ótica, que é o das aplicações promissoras em optoelectrónica de materiais bidimensionais.

Os nanomateriais bidimensionais (2D), em particular os semicondutores de sulfureto de metal de transição, têm atraído uma atenção significativa devido à sua utilização específica em dispositivos fotónicos e optoelectrónicos viáveis, tais como absorventes saturáveis (SAs) e comutadores ópticos. No entanto, os materiais bidimensionais (2D) originais sugerem um novo domínio de nanossistemas 2D e têm atraído grande interesse nos últimos anos. Os nanomateriais 2D dicalcogenetos metálicos de transição (TMD), como o dissulfureto de molibdénio (MOS2) e o dissulfureto de tungsténio (WS2), também têm atraído muita atenção devido às suas caraterísticas semicondutoras com bandgaps sintonizáveis e à sua natureza abundante. (Wu, Zhang, Wang, Li, & Chen, 2015).

### 2.5.2. Dicalcogenetos de metais de transição (TMD)

TMDs significa Transition Metal Dichalcogenides (dicalcogenetos de metais de transição), que são um grupo de materiais que contêm metais de transição, como os elementos dos grupos 4, 5 e 6 da tabela periódica, e um calcogeneto Q, incluindo enxofre (S), selénio (Se) ou telúrio (Te), todos eles pertencentes ao grupo 16 da tabela periódica (Schwierz, 2013).

A Figura 2.3 ilustra e destaca a localização dos dicalcogenetos de metais de transição (TMDs) na tabela periódica (Wong, Liu, & Chi, 2016).

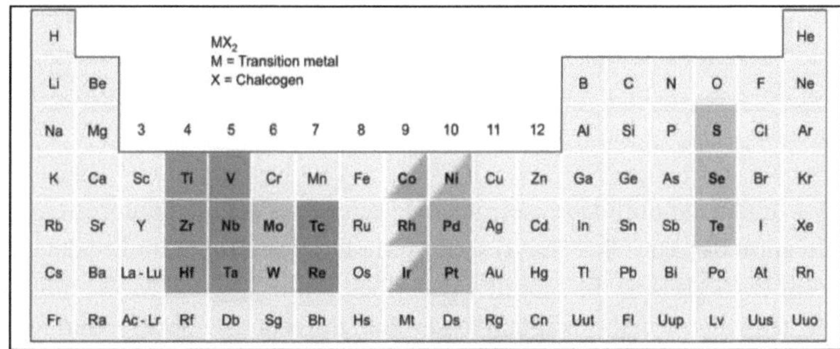


**Figura 2.3 Tabela Periódica (Wong et al., 2016).**

Além disso, o band-gap dos TMDs depende da espessura, enquanto as monocamadas de TMDs têm um band-gap direto, e o band-gap dos TMDs é removido em direção ao band-gap indireto quando o número de camadas aumenta. Além disso, os TMDs podem ser utilizados como absorvedor saturável (SA) para os métodos Q-switching e Mod-locking, utilizando diferentes estruturas (Kim et al., 2015).

### 2.5.2.1. Propriedades dos Dicalcogenetos de Metais de Transição (TMDs)

Os dicalcogenetos de metais de transição (TMDs) contêm um grupo de materiais semicondutores, como mencionado acima, portanto, esses materiais semicondutores têm muitas propriedades que lhes permitem fazer mais aplicações. Assim, nesta investigação é investigada uma lista de semicondutores a serem utilizados em dois importantes ramos da eletrónica que são: a lógica digital e a eletrónica de RF, para que as aplicações sejam discutidas.

Além disso, são discutidos os transistores TMD, especialmente o transistor de efeito de campo (FET), que atualmente é a chave dos circuitos lógicos e de RF. De acordo com (Schwierz, 2013), uma vez que a utilização de TMDs em aplicações electrónicas começou há pouco tempo, os dados disponíveis sobre as propriedades relevantes são limitados.

Bandgap. Normalmente, encontrar um intervalo é um dos pontos importantes dos transístores de efeito de campo (FET). Dependendo do tipo de transístores para a lógica digital, estes devem ter a capacidade de desligar e rácios on-off elevados na gama de $10^4$ 4 x $10^7$ . Para atingir este rácio, é necessário um intervalo de, pelo menos, 0,4 eV. Os TMDs que têm Mo ou W como componente metálico apresentam lacunas na ordem dos 1,1eV. Alguns TMDs têm lacunas na gama de 1,1 eV, como (MoTe2, WT2), alguns deles têm 1,8 eV, como o Mos2, enquanto outros têm 2,1 eV, como o WS2.

Transporte de portadores. Para tornar o transístor rápido, são necessários transportadores rápidos. O que significa, por outras palavras, que o material do canal do transístor deve apresentar uma mobilidade elevada $\mu$, tal como uma massa efectiva de portadores leves $m_{eff}$ e uma velocidade de saturação elevada $V_{sat}$

A Figura 2.4 ilustra a mobilidade eletrónica de diferentes semicondutores em função do intervalo entre bandas. Note that i) so far only little electron mobility data is obtainable for the TMDs ii) the mobility described for back-gated MoS2 transistors (a few to a few tens of $cm^2 / V_s$ ) is much lower than the mobility observed in top-gated MoS2 FETs (várias dezenas a algumas centenas de $cm^2 / V_s$ ) e iii) o $\mu$ máximo relatado$_n$ para MoS2 FETs top-gated de até 1000 $cm^2 / V_s$ possivelmente não está correto devido à abordagem de extração irregular.

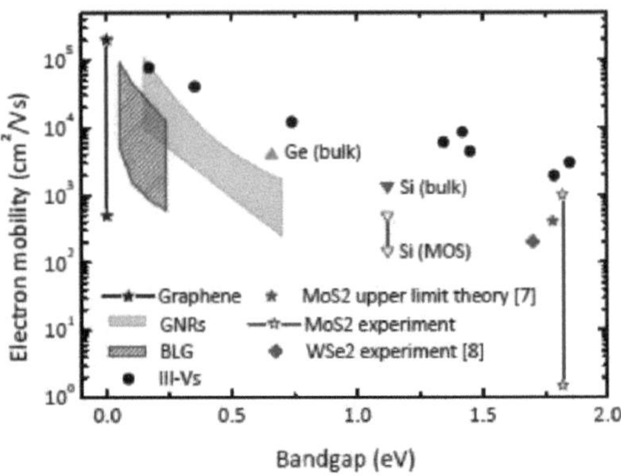


**Figura 2.4 Mobilidade de electrões versus bandgap para diferentes materiais (Schwierz, 2013).**

Transporte de calor. Se for aplicada tensão a um transístor e a corrente fluir através do seu canal, a energia eléctrica deve ser convertida em calor, pelo que este calor deve ser removido para evitar um auto-aquecimento indesejável. Por conseguinte, é necessária uma elevada condutividade térmica $\kappa$ do canal para conseguir uma remoção eficaz do calor.

| Material | *k* | Material | *k* |
|---|---|---|---|
| Si | 1.3 | MoS2 | $\mathbf{2.6 \times 10^{-3}}$ |
| GaAs | 0.5 | WS2 | $\mathbf{1.8 \times 10^{-3}}$ |
| Graphene | 30-50 | WSe2 | $\mathbf{0.8 \times 10^{-3}}$ |

**Tabela 2.1 Condutividade térmica (em W/cmK) para diferentes materiais electrónicos. (Schwierz, 2013)**

A Tabela 2.1 apresenta a comparação da condutividade térmica de diferentes materiais que especifica que os TMDs têm um comportamento bastante pobre. Por exemplo, os dados relativos ao Si e ao GaAs referem-se ao material a granel, os relativos ao grafeno referem-se às camadas individuais e os relativos aos TMDs referem-se às películas finas (cerca de 50 camadas de espessura) (Schwierz, 2013).

### 2.5.3. Comparação do intervalo de banda de quatro materiais TMDs

Todos os materiais semicondutores TMDs têm diferentes bandgaps, embora todos eles tenham bandgaps superiores a 0,8eV. E a energia dos fotões gerados na banda de ondas de telecomunicações perto do impulso Q-switched de 1550 nm é de aproximadamente 0,8eV (Chen et al., 2015). O que significa que, ao utilizar um destes materiais TMD, pode ser gerado um impulso Q-switched, uma vez que os seus bandgaps são superiores a 0,8eV.

| Materials | MoS2 | MoSe2 | WS2 | WSe2 |
|---|---|---|---|---|
| Monolayer | 1.80 Ev | 1.57 eV | 2.1 eV | 1.65 eV |
| Bulk | 1.29 Ev | 1.1 eV | 1.3 eV | 1.2 eV |

**Tabela 1.2 Valores de bandgap de quatro materiais TMDs (Chen et al., 2015)**

## 2.6. TRABALHO RELACIONADO

Atualmente, muitos investigadores têm demonstrado um grande interesse no método Q-switching, utilizando técnicas activas e passivas para gerar lasers de impulsos curtos. Aqui, são discutidos alguns trabalhos de investigação que investigaram a geração de lasers de fibra passivos de Q-switched utilizando absorventes saturáveis 2D, particularmente TMDs (i.e.: MoS2 e WS2).

De acordo com (Huang et al., 2014), foi proposto e demonstrado um laser de fibra passivamente Q-switched baseado num absorvedor saturável MoS2. Uma faixa sintonizável de 1519,6 a 1567,7 nm é alcançada. O absorvedor saturável MoS2 foi preparado pela técnica de esfoliação em fase líquida e depois transformado numa película composta de polímero. Neste trabalho, conseguiu-se um Q-switch estável que funciona com uma sintonia contínua de 48,1 nm entre as regiões da banda S e da banda C. A energia de pulso mínima e a energia de pulso mais alta que eles alcançaram foram 3,3 µs e 160nJ, respetivamente. Ao mesmo tempo, foi alcançada uma taxa de repetição de 22,15 MHz e uma duração de impulso de 250 fs, bem como uma potência de saída de 12 MW.

No entanto, a preparação do MoS2 PVA é complexa e leva mais tempo a preparar o

MoS2 PVA, tal como referido no artigo. Além disso, sem o PVA MoS2 não é possível obter um laser de fibra passiva Q-switched bem sucedido. Por isso, é obrigatório esperar até que o PVA MoS2 esteja pronto.

Com base em (Khazaeinezhad et al., 2015) foi construído um laser Q-switched dopado com érbio em toda a fibra, utilizando um absorvedor saturável MoS2 preparado. Neste trabalho, um pulso estável de Q-switched passivo é alcançado, a taxa de repetição deste trabalho estava na faixa de 26,2 kHz a 40,9 kHz.

No entanto, com base nos resultados do gráfico, apenas estão disponíveis os resultados da gama de comprimentos de onda e da taxa de repetição, não sendo mencionados todos os outros resultados, como a energia do impulso, a duração do impulso e a radiofrequência.

De acordo com (Ren et al., 2014), eles propuseram um laser de fibra dopado com érbio passivamente Q-switched usando absorvedor saturável MoS2. Neste trabalho, a cavidade tem um comprimento de 2,8m, também foi constituída com 1,5 $Er^{3+}$ fibra dopada com coeficiente de absorção de 7dB/m a 980nm como um meio de ganho. Com base neste trabalho, o díodo laser bombeado é de 974nm e a potência máxima de 503mW. A cavidade laser EDF inicia o funcionamento em onda contínua com uma potência de bombagem de 35mW.

No entanto, a potência da bomba é demasiado elevada em comparação com os meus resultados, assim como há muitos trabalhos que utilizam uma potência de bomba muito inferior a esta.

O laser Nd:YAG passivamente Q-switched a 1064nm usando a solução WS2 como absorvente saturável (SA) foi relatado por (Wang, Wang, Duan, Li, & Sun, 2016). Eles usam para fabricar solução WS2 com diferentes concentrações (ou seja: 0,25, 0,5 e 1mg / ml). Portanto, os trens de pulso com 0,25mg/ml WS2 SA foi indicado que a taxa de repetição é de 45. 25 kHz, correspondendo a um trem de impulsos de 22 μs. Também obtiveram que a taxa de repetição de 47,05 kHz e o período de impulsos de 20,8 μs provêm do oscilador laser de 0,5 mg/ml de WS2 SA.

Assim como o trem de pulso de 18,4 μs corresponde à taxa de repetição de 52,48 kHz é do oscilador a laser de 1mg/ml. Assim, com base nos seus resultados, sempre que a taxa de repetição aumenta com o aumento da concentração da solução de SA, o comboio de impulsos torna-se estável.

## 2.6.1 Pontos fortes e limitações

| Title | Authors | Strength | Limitations |
|---|---|---|---|
| Passively Q-switched Nanosecond erbium-doped fiber laser with MoS2 as saturable absorber | Jun Ren, Shuxian Wang, Zhaochen Cheng, Haohi Yu, Hauijin Zhang, Ynaxue Chen, Liangmo Mei,Pu Wang. 2014 | Attractive method for optoelectronic ultrafast photonics | High input power |
| Passively Q-switched erbium-doped fiber laser at C-band region based on WS2 saturable absorber | H.Ahmad, N.E.Ruslan, M.A.Ismail, S.A.Reduan, C.S.J.Lee, S.Sathiyan, S.Sivabalan, S.W. Harun. 2016 | Simple to build and fabrication Cost effective | Preparation of material is complex |
| Low-threshold Q-switched erbium-doped fiber laser using MoS2 saturable absorber prepared through evaporitic formation | W.Y. Chong, Y.K. Yap, H. Ahmad. 2015 | Cost-effective | Complex fabrication |

**Tabela 2.3 Artigos revistos.**

## 2.7. RESUMO

A teoria subjacente aos lasers de fibra e aos lasers de fibra dopada com érbio foi descrita neste capítulo. A técnica de Q-switching também foi estudada. Foram também abordados materiais 2D, como os dicalcogenetos de metais de transição (TMD). Este trabalho de investigação centrou-se no desenvolvimento de EDFL com Q-switched utilizando os novos materiais 2D em ascensão como absorvente saturável. São propostos os absorvedores saturáveis WS2 e MoS2.

# CAPÍTULO TRÊS
# METODOLOGIA

## 3.1. INTRODUÇÃO

Este capítulo explica os pormenores experimentais do trabalho efectuado para realizar o laser EDF passivamente Q-switched proposto, baseado em absorvedores saturáveis. São discutidos os passos necessários para gerar impulsos de fibra passivos Q-switched estáveis. De facto, este capítulo vai explicar cada passo que é seguido durante a realização desta experiência. Em primeiro lugar, o principal objetivo desta experiência é gerar um laser de fibra dopado com érbio estável com Q comutado passivamente com base em dois absorventes saturáveis diferentes: dissulfureto de molibdénio (MoS2) e dissulfureto de tungsténio (WS2). Assim, há duas partes principais nesta experiência, uma vez que são utilizados dois materiais diferentes. A primeira parte é quando se utiliza o absorvente saturável MoS2 e a segunda parte é quando se utiliza o absorvente saturável WS2. Além disso, nesta experiência, ambos os absorvedores saturáveis serão trabalhados com o mesmo desenho. Além disso, existem muitas caraterísticas para pulsos Q-switched passivos estáveis e eficazes e são: alta energia de pulso (μJ - mJ), baixa taxa de repetição (kHz), baixa duração de pulso (ps - ns). Por outro lado, existem muitas aplicações que podem ser utilizadas para impulsos Q-switched passivos, tais como as telecomunicações, a medicina, a deteção remota, a localização de distâncias e o processamento de materiais. A Figura 3.1 abaixo mostra a metodologia da experiência para conceber a cavidade em anel EDF de fibra e para otimizar ou resolver problemas da cavidade em anel concebida, bem como a forma de analisar os resultados após a otimização da cavidade em anel utilizando diferentes dispositivos, como mostra a Fig. 3.1.

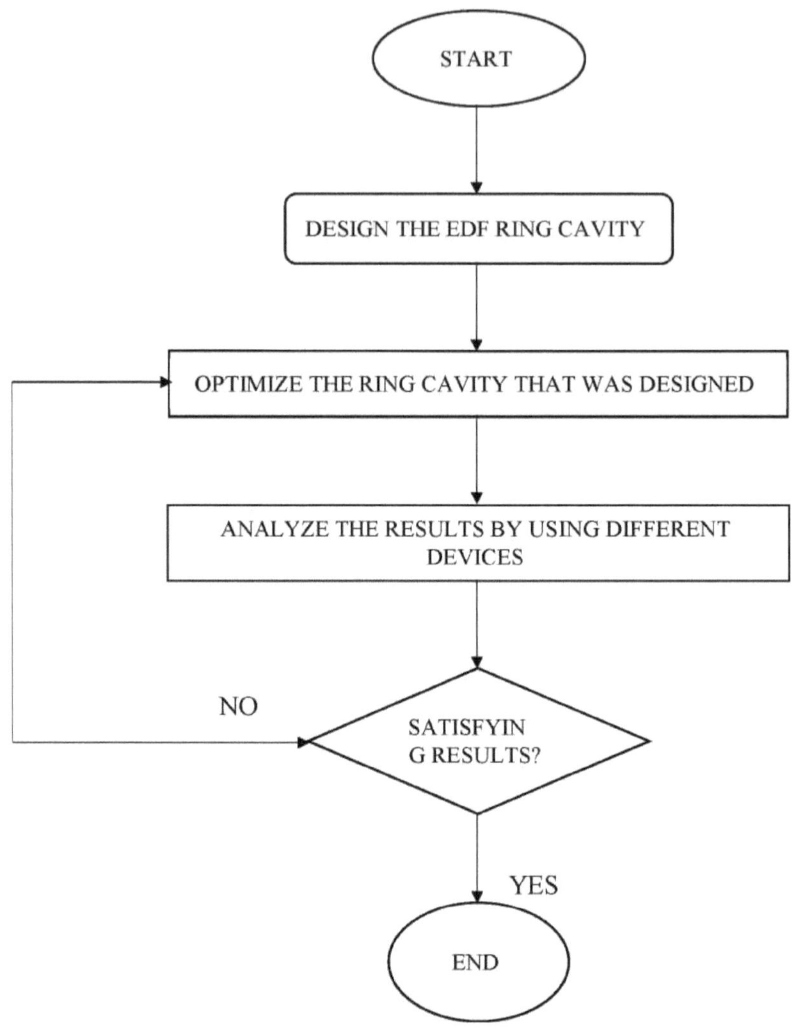


**Figura 3.1 Fluxograma da metodologia.**

## 3.2. CONFIGURAÇÃO EXPERIMENTAL DA CAVIDADE DO LASER DE FIBRA

São explicados os pormenores experimentais realizados numa pequena sala do laboratório. A cavidade é colocada numa pequena mesa no laboratório.

A Figura 3.2 (a) ilustra a montagem experimental da cavidade anelar do laser. Este fabrico utiliza um EDF de 2,8 m de comprimento como meio de ganho, que é bombeado por um díodo laser (LD) de 980 nm através de uma multiplexagem por divisão de ondas (WDM) de 980/1550 nm. Além disso, é utilizado um isolador independente de polarização para evitar a propagação de retorno indesejado das oscilações no laser. Além disso,

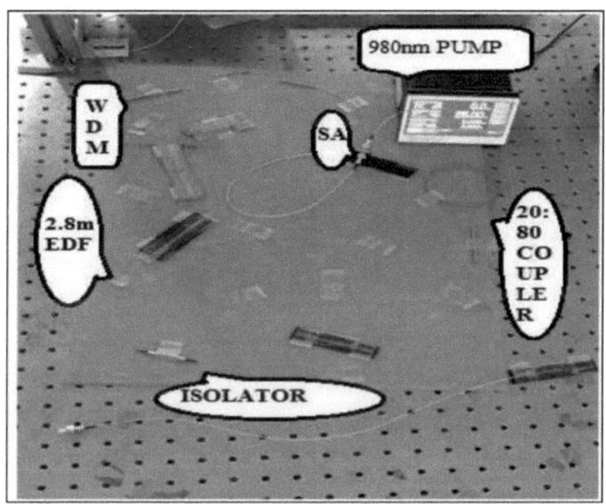


**Figura 3.2 (a): Cavidade em anel de fibra EDF.**

A Figura 3.2 (b) mostra o mesmo projeto experimental produzido utilizando o software Visio professional 2013. Além disso, essa cavidade projetada contém seis componentes principais que consistem em: 1) potência da bomba, 2) WDM, 3) EDF, 4) isolador, 5) acoplador 20:80, e 6) absorvedor saturável. Estes componentes serão explicados e discutidos um a um na secção seguinte.

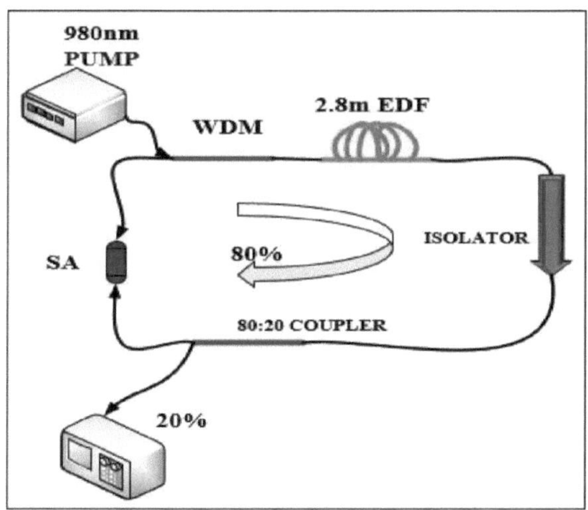


**Figura 3.2 (b): Diagrama esquemático da EDFL com Q-switched.**

1. **Potência da bomba:** neste fabrico, a potência da bomba representa a potência de entrada. Existem muitos tipos de potências de bomba de acordo com as suas gamas de potência e esta gama de potências de bomba situa-se entre 0mA e 290mA. Nesta experiência, é bombeado por um 980/1550nm através de uma técnica de multiplexagem por divisão de comprimento de onda.
2. WDM: WDM significa Wave Division Multiplexing (multiplexagem por divisão de ondas). Nesta experiência, WDM representa uma tecnologia de comunicação ótica que transmite sinais de alta intensidade. O comprimento de onda em que esta experiência está a funcionar é de 1550 nm, que é a banda C.
3. **EDF:** EDF significa fibra dopada com érbio, que é um tipo de amplificador. Assim, nesta experiência, a fibra dopada com érbio (EDF) representa um meio de ganho porque tem a capacidade de amplificar a luz na região de comprimento de onda de 1550 nm. Além disso, o comprimento da EDF nesta experiência foi de 2,8 m.
4. **Isolador:** um isolador independente da polarização é utilizado para definir a direção da energia que entra na cavidade. É utilizado para transmitir a luz apenas numa direção, o que é utilizado para evitar uma realimentação indesejada, evitando assim oscilações ópticas indesejáveis na cavidade do laser em anel.
5. **Absorvente** saturável: nesta experiência, um absorvente saturável é basicamente um material semicondutor que permite obter os resultados do Q-switch, sem absorvente saturável e sem impulso Q-switch.
6. Acoplador: um acoplador é utilizado para direcionar uma fibra de entrada para duas fibras de saída, como se mostra na figura. O acoplador utilizado para esta configuração de fabrico é um acoplador 20:80, o que significa que 20% da saída com 80% está a rodar na cavidade do laser para oscilar.

## 3.3. ABSORÇÕES (ou ABSORVENTES) SATURAVEIS SELECÇÃO

Existem muitos absorventes saturáveis que podem ser utilizados para encontrar um laser de impulsos Q-switched passivos. Nesta experiência, são utilizados flocos de bissulfureto de molibdénio (MoS2) e líquidos de bissulfureto de tungsténio (WS2) devido às suas caraterísticas semicondutoras com bandgaps sintonizáveis e à sua natureza abundante.

## 3.4. COMPONENTES DE HARDWARE

Nesta experiência, são utilizados vários componentes de hardware. Estes componentes incluem o multímetro ótico, o osciloscópio, o analisador de espetro ótico (OSA) e o analisador de espetro de RF. Na secção que se segue, é apresentada uma explicação exaustiva destes componentes.

### 3.4.1. Multímetro ótico

A Fig. 3.3 mostra o multímetro ótico que é utilizado nesta experiência. O multímetro ótico é utilizado para verificar a potência média de saída do sistema. É o único medidor de potência capaz de medir a potência ótica e o comprimento de onda de lasers de semicondutores, incluindo lasers de comprimento de onda curto, bombas de alta potência e lasers de fibra.

Para obter impulsos Q-switch estáveis e eficazes, deve ser atingida uma potência de saída média elevada.

Por conseguinte, nesta experiência, é preferível uma potência de saída elevada porque os resultados do Q-switch preferem sempre uma potência de saída elevada. Além disso, nesta experiência, a potência da bomba foi aumentada até o multímetro ótico atingir 1mW. O que significa que, quando se atinge 1mW, a cavidade tem a capacidade de trabalhar com impulsos Q-switch.

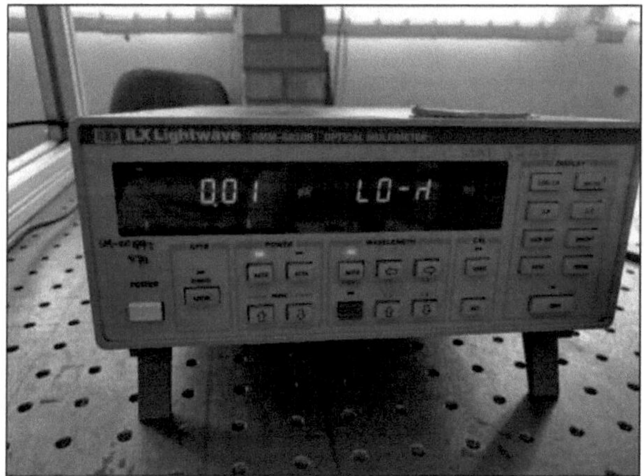


**Figura 3.3 Contador ótico múltiplo.**

### 3.4.2. Osciloscópio

A figura 3.4 ilustra um dispositivo osciloscópio utilizado nesta experiência. Após a análise do multímetro ótico, o segundo componente utilizado nesta experiência é o osciloscópio. Em geral, a definição de osciloscópio é a de um aparelho de laboratório muito utilizado para mostrar a forma de onda de sinais electrónicos. Assim, nesta experiência, o osciloscópio é utilizado para analisar e mostrar as variações do sinal. Além disso, a razão pela qual se utiliza este dispositivo é para verificar se o impulso está disponível ou não, pelo que, se o impulso estiver disponível, significa que os resultados foram alcançados e podem ser registados.

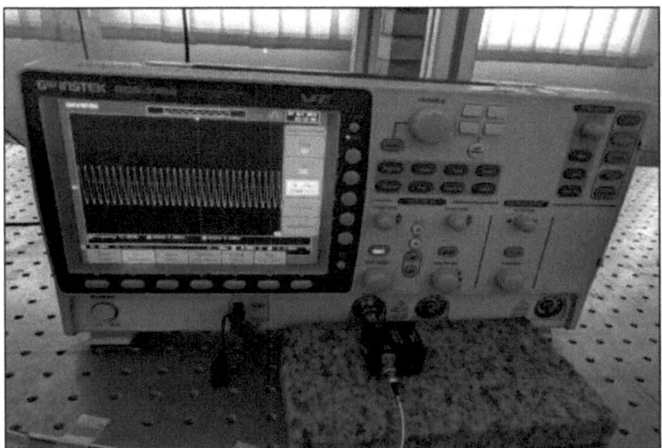

**Figura 3.4 Osciloscópio.**

### 3.4.3. Analisador do espetro ótico (OSA)

A Figura 3.5 mostra um analisador de espetro ótico (OSA) que é utilizado durante esta experiência. O terceiro componente utilizado durante este fabrico é o analisador de espetro ótico (OSA). Nesta experiência, a utilização do OSA tem dois objectivos principais: o primeiro é analisar uma onda contínua (CW) e o segundo é analisar impulsos de Q-switch.

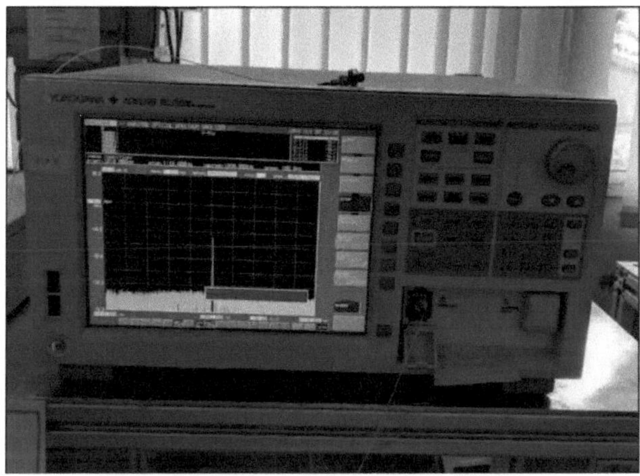

**Figura 3.5 Apaiyzer de espetro ótico (OSA).**

Quando o CW é analisado, os absorventes saturáveis são removidos da cavidade em anel do laser de fibra, porque o CW verifica se a cavidade em anel funciona bem como previsto, o que significa que primeiro deve ser verificado um CW enquanto a cavidade não tem absorventes saturáveis. Depois de verificado um CW, o absorvente saturável é inserido na cavidade anelar do laser de fibra e verificado novamente em OSA para obter os resultados do Q-switch. Depois de obtidos os resultados, estes serão registados utilizando o mesmo osciloscópio. O OSA também analisa um Q-switch com uma resolução espetral de 0,02 nm.

### 3.4.4. Analisador de espetro RF

A Figura 3.6 ilustra o analisador de espetro de RF que é utilizado nesta experiência para medir a SNR do sistema. O último componente utilizado nesta experiência é o analisador de espetro de radiofrequências. Em geral, o analisador de espetro de RF é um dispositivo que mede a magnitude do sinal de entrada em função da frequência em toda a gama de frequências da medição. É também este dispositivo que é utilizado para medir a relação sinal/ruído (SNR) do sistema. Assim, nesta experiência, o analisador de espetro de radiofrequência é utilizado para medir as caraterísticas do espetro de radiofrequência do comboio de impulsos e também para verificar a SNR da cavidade em anel. Se a SNR for muito elevada, significa que a cavidade em anel tem baixas perdas, o que significa que os resultados do Q-switch serão eficazes em termos de estabilidade.

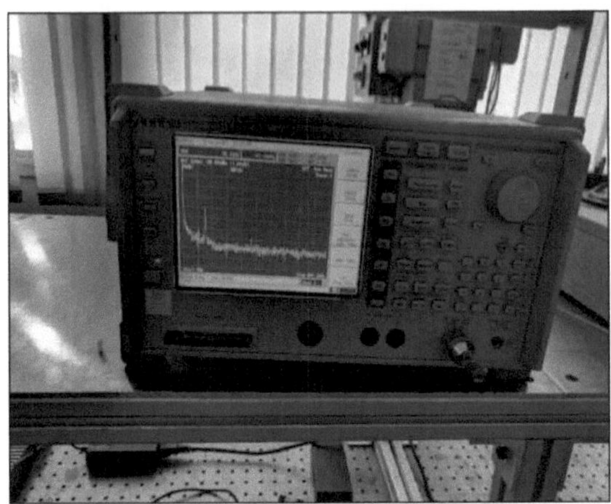

**Figura 3.6 Analisador de espetro de RF.**

## 3.5. RESUMO

Este capítulo resume a configuração experimental utilizada nesta tese. Em primeiro lugar, foi discutida a conceção da cavidade em anel do laser de fibra dopada com érbio. Esta conceção é utilizada para encontrar impulsos laser de fibra passiva Q-switched estáveis. Além disso, foi discutido o tipo de absorção saturável que é utilizado nesta experiência. Os dispositivos de seis componentes fornecidos na configuração experimental foram apresentados com uma explicação detalhada dos componentes de descrição do hardware.

# CAPÍTULO QUATRO

# RESULTADOS E DEBATES

## 4.1. INTRODUÇÃO

T ste capítulo contém os resultados experimentais desta investigação. Este capítulo divide-se em duas partes: na primeira, é utilizado o absorvedor saturável MoS2 e, na segunda, o absorvedor saturável WS2. Em primeiro lugar, discute-se a preparação do absorvedor saturável MoS2 e apresenta-se um EDFL passivamente Q-switched utilizando MoS2. Em seguida, na primeira parte deste capítulo, propõe-se uma explicação exaustiva dos resultados do MoS2 Q-switched. Na segunda parte deste capítulo, foi abordada a preparação do WS2. Além disso, é apresentada nesta secção a EDFL com Q-switched passiva utilizando WS2. Além disso, é apresentada uma explicação dos resultados do WS2. Finalmente, o resumo do capítulo foi estudado na última secção deste capítulo.

## 4.2. preparação e caraterização do moS2

A espetroscopia Raman foi efectuada na fita MoS2-SA fabricada para mostrar as caraterísticas Raman da amostra de MoS2.

A Fig. 4.1 mostra os perfis de frequência Raman de *E2g1* e A1, que são registados por um

quando um feixe de 514 nm do laser de iões de árgon é irradiado na fita durante 10 segundos com uma potência de exposição de 10 mW. Como se pode ver na figura, a amostra apresenta dois picos caraterísticos, em paralelo com dois modos fónicos; vibração fora do plano dos átomos de sulfureto a 408 cm-1 e vibração no plano do molibdénio a 383 cm-1, com uma diferença de frequência de 25 cm-1. Observa-se que o modo E2g1 devido ao movimento no plano se desloca para o vermelho após a esfoliação completa, indicando que as poucas camadas de MoS2 com espessuras na gama de 2-5 camadas foram fabricadas com sucesso (Luo et al., 2010).

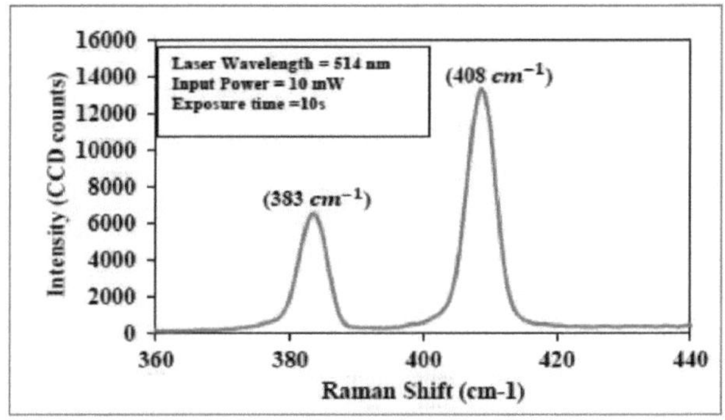


**Figura 4.1 Espectro Raman de flocos de MoS2 (Luo et al., 2010).**

A propriedade de resposta ótica não linear para a fita MoS2-SA é então investigada para confirmar a sua absorção saturável através de uma técnica de transmissão. Um laser de fibra bloqueado por modo auto-construído (comprimento de onda de 1557 nm, largura de impulso de 1,5 ps, taxa de repetição de 17,4 MHz) é utilizado como fonte de impulsos de entrada.

A potência transmitida é registada em função da intensidade incidente no dispositivo, variando a potência laser de entrada. Os dados experimentais da transmissão são ajustados de acordo com uma equação simples do modelo SA de dois níveis, que é dada como

$$T(I)=1-\alpha s(-IIsat/)-\alpha ns) \qquad (4.1)$$

Em que *(I)* é a transmissão, *a s* é a profundidade de modulação, *I* é a intensidade de entrada, *Isat* é a intensidade de saturação e *ans* é a absorção não saturável.

A transmissão não linear do MoS2 multicamada sobre a fita adesiva é mostrada na Fig. 4.2.

Como se pode ver na figura, a profundidade de modulação, a intensidade não saturável e a intensidade de saturação são de 11,3 %, 23,0 % e 23,5 MW/cm2, respetivamente. Espera-se que esta grande profundidade de modulação de 11,3% seja capaz de suprimir a quebra de onda no laser de fibra com bloqueio de modo, melhorando assim a energia de impulso atingível.

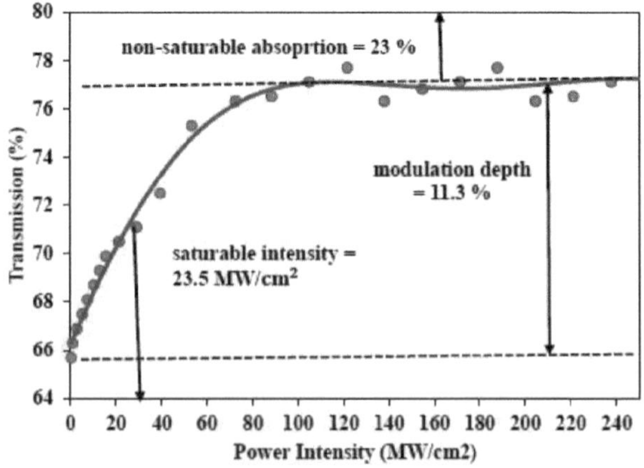


**Figura 4.2 Transmissão não linear do perfil de absorção.**

## 4.3. EDFL PASSIVO DE Q-SWITCHED UTILIZANDO MoS2 SA

A Figura 4.3 ilustra a configuração do EDFL Q-switch proposto, utilizando o SA fabricado com base em MoS2. Esta configuração utiliza um EDF de 2,8 m de comprimento que funciona como meio de ganho. Além disso, foi bombeado por um díodo laser (LD) de 980nm que opera numa região de comprimento de onda de 1550nm. Nesta configuração também é utilizado um isolador independente para evitar feedback indesejado. Em seguida, o dispositivo SA é fabricado cortando um pequeno pedaço da fita de MoS2 preparada anteriormente e esse SA é ensanduichado entre dois ferrolhos de fibra e é depositado um gel de correspondência de índice nas extremidades da fibra. Finalmente, foi utilizado um acoplador 20:80 nesta configuração, o que significa que 20% será emitido enquanto 80% da luz laser é retida na cavidade do anel laser para oscilar.

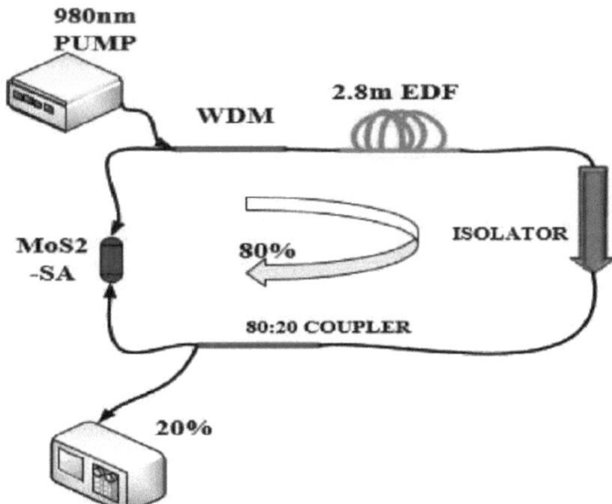


**Figura 4.3 Diagrama esquemático da EDFL comutada por Q SA baseada em MoS2.**

Tal como referido no capítulo 3, em experiências em que é necessário obter resultados de impulsos Q-switch passivos, existem vários dispositivos que são obrigatórios para verificar e analisar se os resultados são obtidos corretamente ou não. Assim, estes dispositivos incluem o OSA (Optical Spectrum Analyzer). Por conseguinte, a fig. 4.4 ilustra os resultados analisados pelo dispositivo OSA, que mostra o espetro de saída obtido com um EDFL de Q-switch passivo utilizando MoS2 como absorvente saturável a uma potência de bombagem de 65,7 mW.

Como mostra a fig. 4.4, o pico de limiar em que o laser de fibra dopada com érbio está a funcionar é a região de comprimento de onda de 1559,16 nm (banda C) com uma largura de banda espetral de 3dB de 1,4 nm. Além disso, o absorvedor saturável SA desempenha um papel importante nesta experiência, pois é ele que permite obter os resultados dos impulsos comutados Q passivamente. Por exemplo, para ter a certeza de que o Q-switch passivo foi atribuído ao absorvedor saturável MoS2, se o floco de MoS2 for retirado da cavidade em anel e verificado no dispositivo OSA para analisar sem o absorvedor saturável, neste caso não se observará qualquer impulso Q-switched mesmo quando a potência da bomba for ajustada numa vasta gama. Por outro lado, quando o absorvedor saturável é inserido na cavidade em anel e verificado no dispositivo OSA, obtém-se um resultado de impulsos Q-switched passivos. Por essa razão, podemos dizer que o absorvedor saturável é o responsável pelo funcionamento passivamente Q-switched do laser de fibra. Por outras palavras, sem o absorvedor saturável, não será possível obter resultados de impulsos Q-switched passivos.

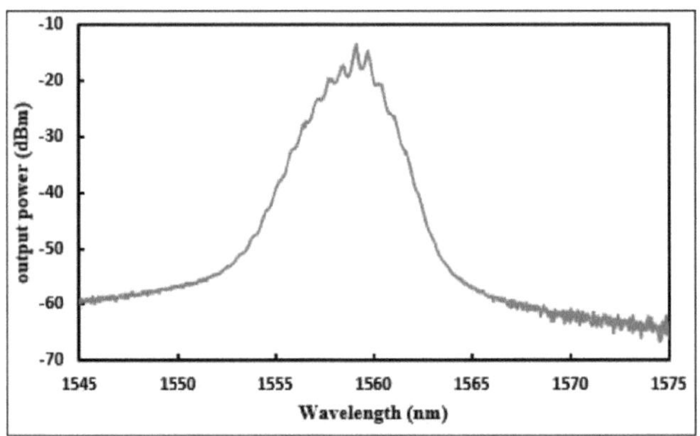


**Figura 4.4 Espectro de saída de uma EDFL de comutação Q passiva baseada em MoS2 SA.**

Nesta experiência, a operação de onda contínua (CW) do EDFL foi iniciada quando a potência da bomba era de 14,85mW e quando se obtiveram resultados estáveis de impulsos de Q-switch, a potência da bomba era a mesma de 14,85mW, o que significa que não há perda de cavidade devido ao comprimento adequado da cavidade que foi tomada.

A Fig. 4.5(a) ilustra a potência média de saída em função da potência da bomba do laser EDF Q-switched baseado em MoS2 SA. Verifica-se que, acima da potência da bomba de 20 mW, a potência média de saída do laser de fibra reage quase linearmente ao aumento da potência da bomba.

Quando a potência da bomba foi de 116,6mW, foi atingida a potência média de saída mais elevada, que é de aproximadamente 5,13mW. Além disso, a eficiência da inclinação é estimada em 4,42%.

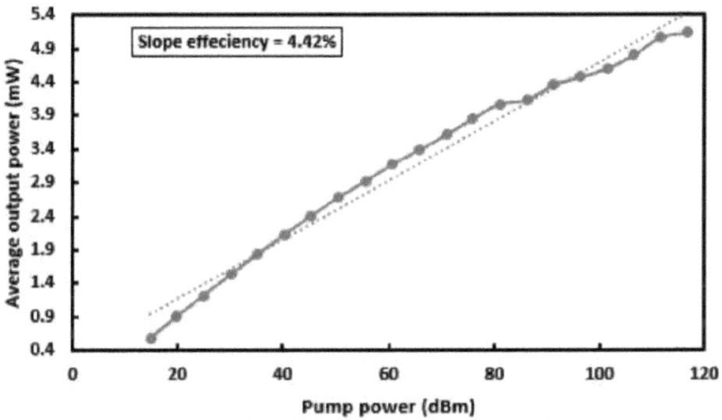

**Figura 4.5 (a) Potência média de saída.**

A energia de impulso em função da potência da bomba é também apresentada na fig. 4.5(b). As potências mínima e máxima da bomba situam-se entre 14,85mW e 116,6mW, pelo que, quando a potência da bomba atinge o valor máximo, que é 116,6mW, também é atingida a energia máxima do impulso, que é de 75nJ. Além disso, acima da potência máxima da bomba, o impulso do Q-switch torna-se instável ou desaparece, o que significa que não há qualquer impulso do Q-switch.

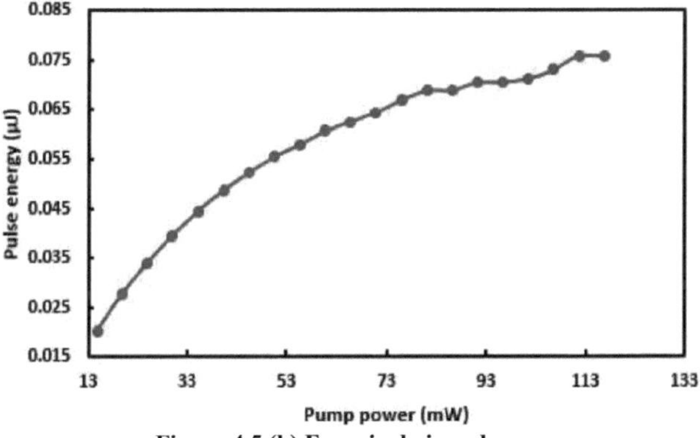

**Figura 4.5 (b) Energia do impulso.**

A Fig. 4.6 mostra o conjunto de impulsos laser obtidos a partir do laser EDF com Q-switch com diferentes potências de bombagem e frequências, utilizando um osciloscópio. Como já foi referido, as potências mínima e máxima da bomba nesta experiência foram de 14,85mW e 116,61mW, respetivamente.

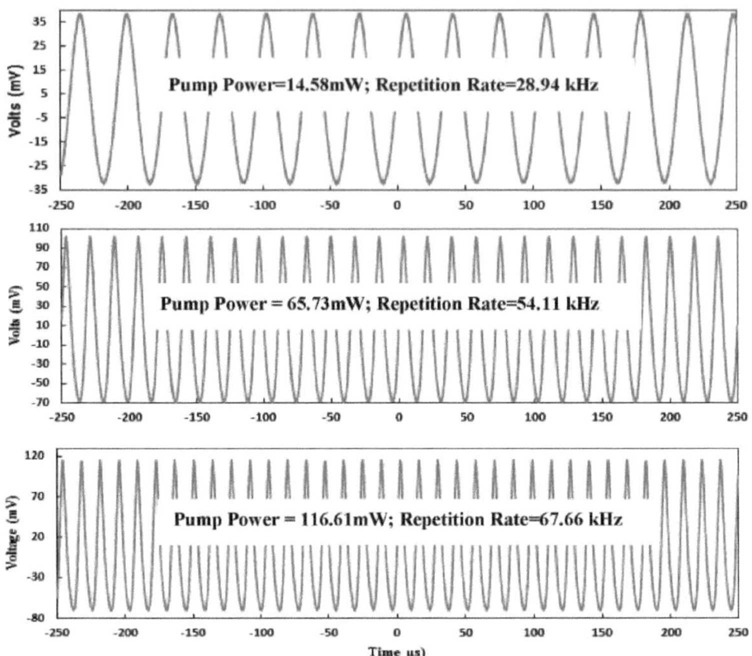

**Figura 4.6 Trem de impulsos de saída do EDFL com Q-switched baseado em MoS2.**

Assim, nesta experiência, foram escolhidos três valores de potência da bomba: o primeiro valor da potência da bomba, o valor intermédio da potência da bomba e o último valor da potência da bomba para analisar se os resultados dos impulsos Q-switched são estáveis ou não. Além disso, quando a potência da bomba é aumentada de 14,85mW para 116,61mW, os comboios de impulsos apresentam uma variação consistente nas taxas de repetição, como se mostra na fig. 4.6. As taxas de repetição aumentaram de 28,94 kHz para 67,66 kHz. Além disso, como mostra a fig. 4.6, cada comboio de impulsos tem valores de pico de intensidade constantes, que são 35 mV, 95 mV e 120 mV, respetivamente, o que indica que a saída do laser é suficientemente estável, uma vez que o comboio de impulsos tem valores de pico de intensidade constantes.

A largura de impulso e a taxa de repetição do laser EDF com Q-switched em função da potência da bomba incidente são mostradas na Fig. 4.7. Ao aumentar a potência de entrada de 14,85 mW para 116,6 mW, a taxa de repetição pode ser aumentada de 28,94 kHz para 67,66 kHz. Por outro lado, a largura do impulso diminui de 15,64 its com uma potência da bomba de 14,85 mW para 5,44 its com uma potência incidente de 116 mW.

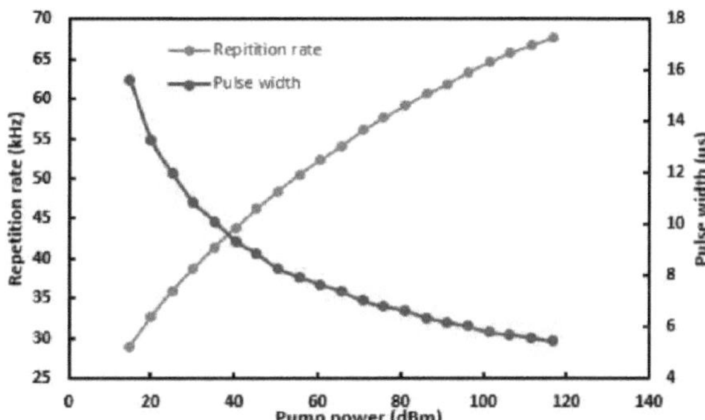


**Figura 4.7 Taxa de repetição de impulsos e largura de impulsos em função da potência da bomba.**

A duração do impulso τ foi calculada para um laser Q-switched passivo da seguinte forma:

$$\tau = 3.5\, T_R/\Delta T \qquad (4.1)$$

Onde, $T_R$ representa o tempo de ida e volta da cavidade e AT representa a profundidade de modulação de um absorvedor saturável. Por conseguinte, para melhorar a duração mínima do impulso que foi encontrada nos nossos resultados de fabrico, esta poderia ser ainda mais reduzida diminuindo o comprimento da cavidade e melhorando a profundidade de modulação das poucas camadas de MoS2.

A Fig. 4.8 mostra o espetro de RF correspondente com três frequências diferentes, bem como três potências de bombagem diferentes. Além disso, como já foi referido, a principal vantagem da RF é verificar ou analisar o ruído do sistema laser através do cálculo da relação sinal/ruído (SNR). Assim, quanto maior for o valor SNR obtido, menor será o ruído do sistema. Por conseguinte, é sempre preferível um SNR elevado a um SNR baixo. Além disso, nesta experiência, a potência da bomba é aumentada de 14,85mW para 116,6mW, após o que são selecionados apenas três valores diferentes de potência da bomba para analisar a SNR utilizando RF, que são: o primeiro valor, o valor intermédio e o último valor. Como o primeiro gráfico da fig. 4.6 mostra, o primeiro valor de potência da bomba, que era de 14,84mW, foi verificado, a taxa de repetição de pulso era de 28,94 kHz, correspondendo ao período de pulso de 15,64µs. a relação sinal-ruído (SNR) tornou-se 60,3dB, o que indica uma estabilidade muito boa do Q-switch, pois o SNR é alto ou, em outras palavras, pois a perda dessa cavidade é muito baixa. Depois disso, o próximo valor da potência da bomba foi verificado, o valor da potência da bomba foi de 65,7mW enquanto a taxa de repetição do pulso foi de 54,1 kHz, correspondendo à duração do pulso de 7,38 µs, a relação sinal-ruído (SNR) tornou-se 72dB, o que também indica uma boa estabilidade de comutação Q.

Por fim, o valor máximo da potência da bomba foi obtido e verificado, o valor máximo da potência da bomba foi de 116,6 mW, a taxa de repetição de impulsos foi de 67,7 kHz, correspondendo à duração do impulso de 5,44 µs, e a relação sinal-ruído (SNR) tornou-se 73dB, o que também indica uma boa estabilidade de comutação Q. Isso significa que o SNR mais alto desta cavidade foi de 73dB, enquanto o SNR mais baixo foi de 60,3dB. Finalmente, estes resultados recomendam que a absorção saturável de poucas camadas de MoS2 é um material talentoso que pode ser utilizado para aplicações de laser pulsado .

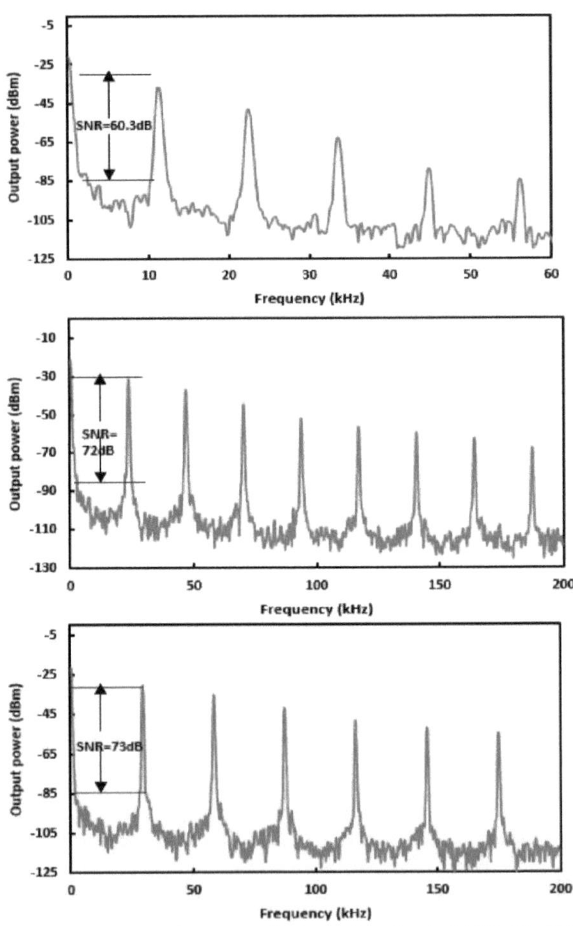


**Figura 4.8 Espectro de RF com potências de bomba de 14,85mW, 65,73mW, 116,61Mw, com 28,96 kHz, 54,11 kHz, e 67,66 kHz, respetivamente.**

### 4.3.1. DOCUMENTO DE AVALIAÇÃO COMPARATIVA

| Title | Authors | Objectives | Achievements |
|---|---|---|---|
| Passively Q-switched Erbium-doped fiber laser based on few-layer MoS2 saturable absorber | Heping Li, Handing Xia, Changyong Lan, Chun Li, Xiaoxia Zhang, Jianfeng Li, Yong Liu. 2015 | To demonstrate a passively Q-switched erbium-doped fiber laser (EDFL) based on MoS2 as a saturable absorber | Wavelength: 1549.91nm Pump power: 25.5mW – 185.6mW Max average output power: 4.71mw Min pulse duration: 6.2µs Max SNR: 42.5dB Pulse energy: 27.2nJ |

**Quadro 2.1 Documento de avaliação comparativa.**

A Tabela 4.1 resume os objectivos e as conclusões do documento de avaliação comparativa que estão próximos da experiência deste estudo. Em primeiro lugar, os autores propõem um laser EDF passivamente Q-switched utilizando MoS2 como absorvente saturável SA. Em primeiro lugar, operam numa região de comprimento de onda de 1549,91, enquanto o comprimento de onda desta experiência foi de 1559nm, que é superior a este. Além disso, as potências mínima e máxima da bomba aumentaram de 25,5 mW para 185,6 mW, enquanto as potências mínima e máxima da bomba desta experiência aumentaram de 14,85 mW para 142 mW, o que é muito inferior à presente experiência, o que significa que esta é melhor em termos de eficiência energética. Por outro lado, a duração mínima e máxima dos impulsos que conseguiram foi reduzida de 6,11ps para 1,66ps, enquanto a duração mínima e máxima dos impulsos deste trabalho foi reduzida de 15,6ps para 4,96ps. Além disso, a potência de saída média máxima deste trabalho foi de 4,71mW, enquanto a potência de saída média máxima deste estudo foi de 5,13mW, o que é superior à do trabalho. Em geral, a potência de saída e a energia de impulso são diretamente proporcionais uma à outra, o que significa que se a potência de saída for aumentada, a energia de impulso também pode ser aumentada. A energia máxima de impulso deste documento foi de 27,2nJ, enquanto a energia de impulso desta experiência é 4 vezes superior devido à conceção diferente da cavidade e foi de 75nJ, e quanto mais a energia de impulso aumentar, maior será a estabilidade do Q-switch. Por fim, a SNR deste documento foi de 42,5 dB, enquanto a SNR desta experiência foi de 73 dB, o que significa que a SNR indica a estabilidade do Q-switch, pelo que é preferível uma SNR elevada em comparação com uma SNR baixa. Neste caso, o estudo desta experiência é muito mais preferível do que o estudo deste documento em termos de estabilidade do sistema. Apesar de utilizarmos uma cavidade diferente, mas o mesmo absorvedor saturável, também são necessários os mesmos objectivos, esta experiência é preferível em termos de desempenho dos dois resultados.

## 4.4. PREPARAÇÃO E CARACTERÍSTICAS DO WS2

A Fig. 4.9(a) mostra a imagem de microscopia eletrónica de varrimento (SEM) da película fina de WS2, que tem um tamanho lateral na gama de 50 a 150 nm. As nanofolhas de WS2 depositadas são ainda caracterizadas por espetroscopia Raman utilizando laser de Ar a 514 nm, como se mostra na Fig. 4.9(b). As bandas caraterísticas a 350,8 e 420,7 cm-1 no espetro Raman são atribuídas aos modos vibracionais no plano (E2g) e fora do plano (A1g) do WS2. O espetro Raman apresenta dois picos a 383 cm-1, correspondentes aos modos *E2g* e A1g, respetivamente.

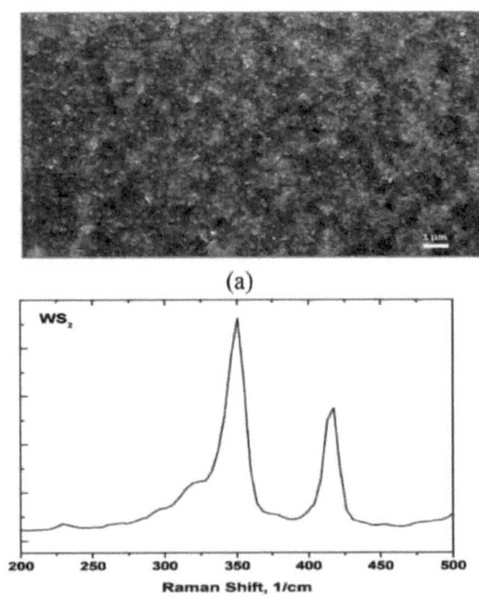


**Figura 4.9 Caraterísticas do WS2 depois de a solução ter sido utilizada para formar uma película fina na superfície da extremidade da virola (a) Imagem SEM (b) Espectro Raman.**

A Fig. 4.10 mostra as transmissões conforme são representadas em várias intensidades de entrada e o seu ajuste à curva. A transmitância T dependente da potência é ajustada por T = Aexp[-ΔT/(1 + I/Isat), em que A é a constante de normalização, ΔT é a profundidade de modulação absoluta, I é a intensidade incidente e Isat é a intensidade de saturação. Como mostra a Figura 4.10, a absorção saturável e a intensidade de saturação são obtidas a 6,0 % e 0,18 MW/cm2, respetivamente. Este resultado indica que o SA WS2 desenvolvido é adequado para aplicações de bloqueio de modo.

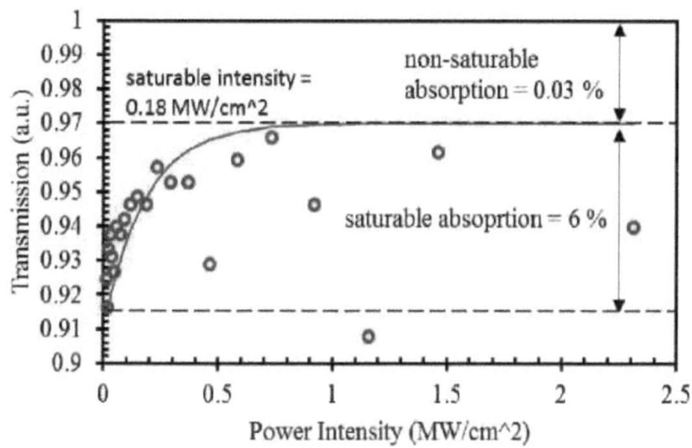


**Figura 4.10 Perfil de absorção saturável não linear do WS2 SA.(Yu et al., 2013)**

## 4.5 EDFL COM COMUTAÇÃO Q PASSIVA UTILIZANDO WS2 SA

A Figura 4.11 ilustra a configuração do EDFL Q-switch proposto, utilizando o SA fabricado com base em WS2. Esta configuração utiliza um EDF de 2,8 m de comprimento como meio de ganho. Além disso, é bombeado por um díodo laser (LD) de 980nm que opera numa região de comprimento de onda de 1550nm. Nesta configuração, também é utilizado um isolador independente para evitar feedback indesejado. Depois disso, o dispositivo SA é fabricado cortando um pequeno pedaço da fita de MoS2 preparada anteriormente e esse SA é ensanduichado entre dois ferrolhos de fibra e foi depositado um gel de correspondência de índice nas extremidades da fibra. Finalmente, foi utilizado um acoplador 20:80 nesta configuração, o que significa que 20% será emitido enquanto 80% da luz laser é retida na cavidade do anel laser para oscilar.

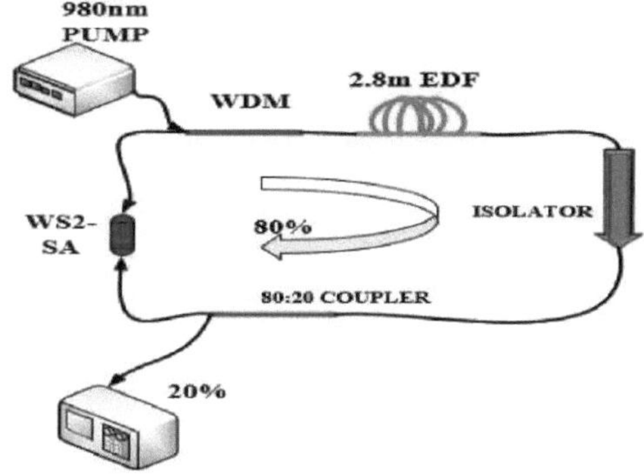


**Figura 4.11 Perfil de absorção saturável não linear do SA WS2.**

O laser EDF de Q comutado estável é iniciado com uma potência de bomba de 17,3 mW e foi aumentado até à potência de bomba máxima de 68,27 mW.

A figura 4.12 ilustra os traços típicos do osciloscópio dos impulsos Q-switched com diferentes potências de bomba e diferentes taxas de repetição. Como mostra a fig. 4.12, a taxa de repetição de impulsos neste laser aumentou com a potência da bomba de 37,57 kHz para 56,9 kHz, o que é uma caraterística típica do funcionamento do Qswitching passivo.

Como mostra a figura, uma vez que cada sequência de impulsos tem um valor de pico de intensidade constante, isso indica que o laser de fibra funciona num regime de Q-switching altamente estável. Além disso, as diferentes potências da bomba foram: 17,3mW, 37,74mW, 68,27mW com taxa de repetição de 37,57 kHz, 44,7 kHz e 56,92 kHz, respetivamente.

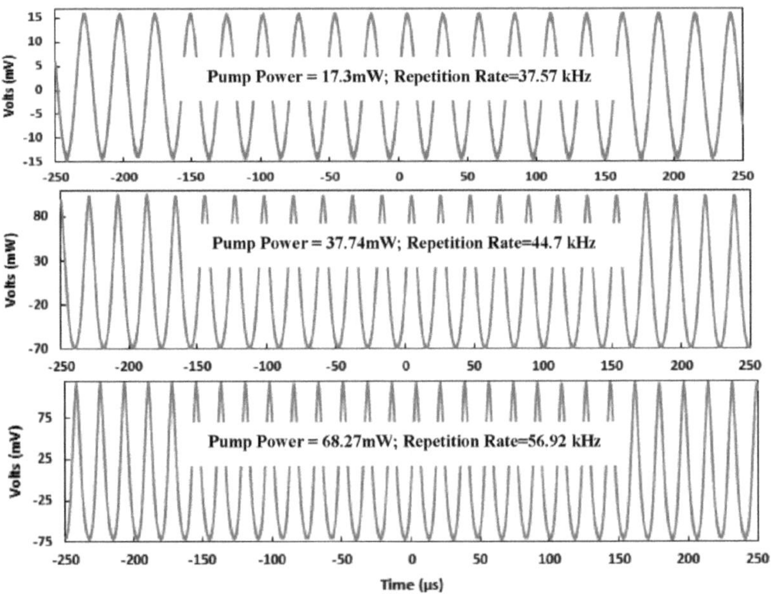


**Figura 4.12 Trem de impulsos de saída do laser EDF de Q comutado baseado em WS2.**

O líquido WS2 SA foi responsável pelo funcionamento passivamente Q-switched do laser e, sem ele, não se observariam resultados de impulsos Q-switched. Tal como os resultados anteriores para o MoS2, também a fig. 4.13 ilustra os resultados analisados pelo dispositivo OSA, que mostra o espetro de saída obtido com a utilização de um EDFL passivamente Q-switched baseado no líquido WS2 SA a uma potência de bombagem de 68,27 mW.

Como mostra a figura 4.13, o pico do limiar em que o laser de fibra dopada com érbio está a funcionar é a região de comprimento de onda de 1560,5 nm (banda C) com uma largura de banda espetral de 3dB de 1,4 nm.

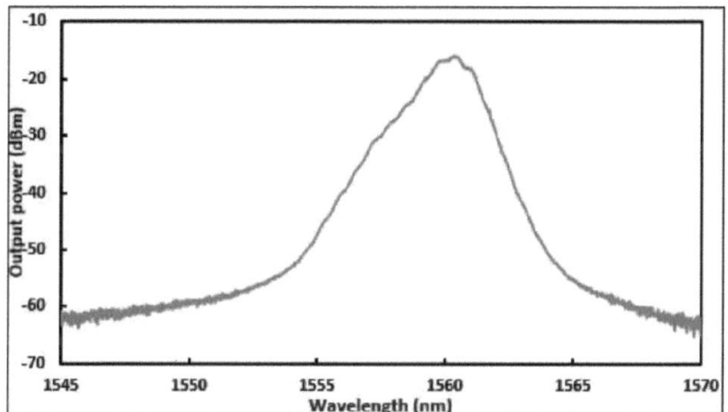


**Figura 4.13 Espectro de saída do EDFL com Q-switched à potência da bomba com base no WS2 SA.**

A taxa de repetição e a duração dos impulsos do laser de fibra com Q-switch em função da potência da bomba são mostradas na Fig. 4.14. Como mostra a figura, ao aumentar a potência de entrada de 17,3 mW para 68,27 mW, a taxa de repetição de impulsos também pode ser aumentada de 37,57 kHz para 56,92 kHz.

Relativamente a cada potência da bomba e taxa de repetição de impulsos, não foi observada qualquer modulação de amplitude nestes trens de impulsos e a saída do impulso Q-switched foi estável. Em contraste, a largura do pulso diminui de 12.63 ^ s perto do limite da bomba para 6.28μs a uma potência máxima da bomba de 68.27mW. Em potências de entrada mais baixas (<17.3mW), a largura do pulso é liberada repentinamente. Em potências de bomba mais altas (<68.27mW), a largura do pulso é constante. Obviamente, isso indica que o absorvedor saturável estava saturado. Finalmente, a largura mínima de pulso deste experimento poderia ser ainda mais reduzida reduzindo o comprimento da cavidade, bem como melhorando a profundidade de modulação do WS2

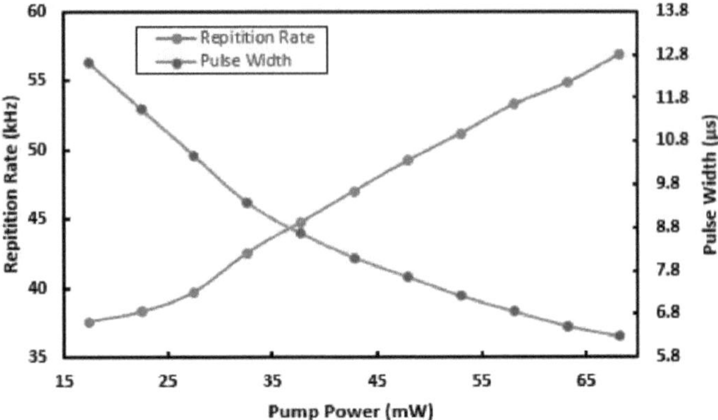


**Figura 4.14 Taxa de repetição e largura do impulso em função da potência incidente.**

A Fig. 4.15 (a) mostra a potência média de saída do laser EDF com Q comutado passivamente em função da potência da bomba. Como se pode ver na figura, quando a potência de entrada atinge o seu valor máximo, a potência de saída normal aumenta quase linearmente com a potência de entrada. A potência de saída média máxima foi de 7,91mW com uma potência de entrada de 68,27mW. A eficiência do declive é estimada em 12%.

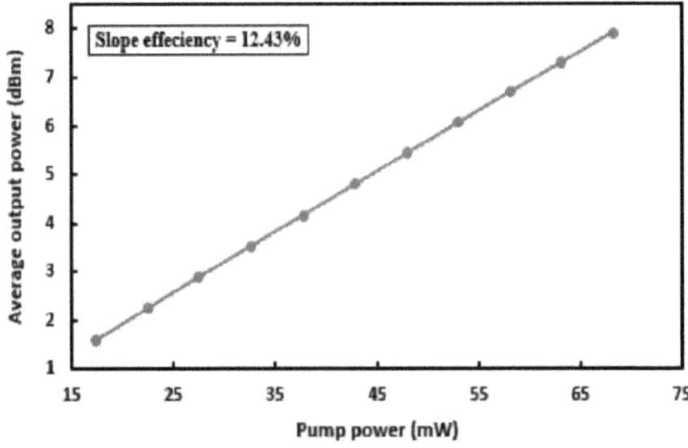


**Figura 4.15 (a) Potência média de saída.**

Por outro lado, na fig. 4.15 (b) é mostrada uma energia de impulso calculada. Geralmente, a energia de impulso é calculada com base na potência de saída média medida e na taxa de repetição. Além disso, como se mostra na figura, a energia dos impulsos aumenta com a potência da bomba. Além disso, como sabemos, a potência de saída e a energia de impulso são diretamente proporcionais uma à outra, o que significa que sempre que a potência de saída é aumentada, a energia de impulso também pode ser aumentada. Por conseguinte, nesta experiência, obteve-se uma energia de impulso máxima de 150nJ à potência máxima da bomba.

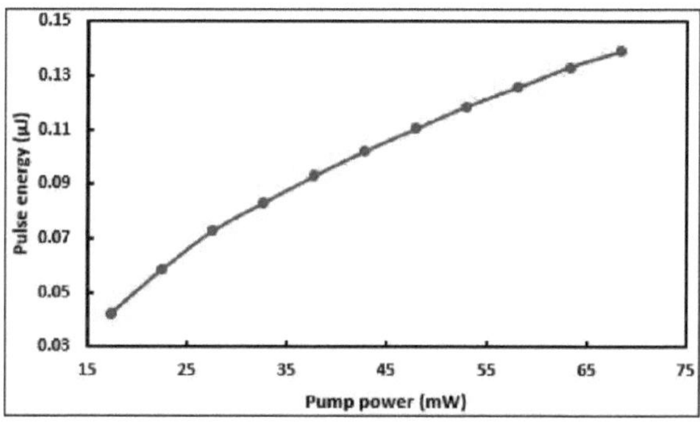


**Figura 4.15 (b) Energia de impulso calculada.**

A parte final desta secção é constituída pelos resultados de RF. A Fig. 4.16 mostra o espetro de RF correspondente do pulso Qswitched com potências de bomba de 17,3mW, 37,74mW e 68,27mW. Como se pode ver na figura, cada potência de bomba tem um valor diferente de relação sinal-ruído (SNR). Além disso, como mencionado acima, a principal vantagem da RF é verificar ou analisar o ruído do sistema laser através do cálculo da relação sinal/ruído (SNR). Assim, quanto maior for o valor SNR obtido, menor será o ruído do sistema. Por conseguinte, é sempre preferível um SNR elevado a um SNR baixo. Isto significa que o SNR mais elevado desta cavidade foi de 76 dB, enquanto o SNR mais baixo foi de 64 dB. Isto indica que o laser de fibra funciona num regime de Q-switching altamente estável devido ao seu baixo ruído. Além disso, os resultados desta experiência sugerem que o líquido WS2 é um material promissor que pode ser utilizado em aplicações de laser pulsado.

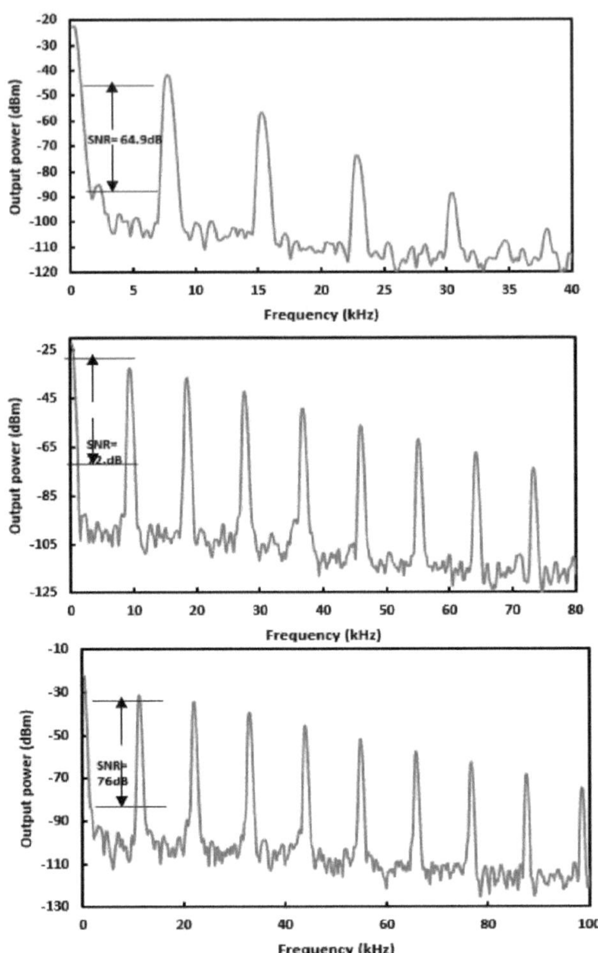


**Figura 4.16 Espectro de RF com potências de bomba de 17,3mW, 73,74mW, 68,27Mw, com 37,57 kHz, 44,76 kHz e 56,92 kHz vãos respetivamente para WS2.**

### 4.5.1 Documento de avaliação comparativa

| Title of the paper | Authors | Objectives | Achievements |
|---|---|---|---|
| Passively Q-switched erbium-doped fiber laser at C-band region on WS2 saturable absorber | H.Ahmad, N.E.Ruslan, M.A.Reduan, C.S.J.Lee, S.Sathiyan, S.Sivabalan, S.W.Harun. 2015 | To demonstrate a Q-switched erbium-doped fiber laser using tungsten disulfide (WS2) as a saturable absorber | Wavelength: 1560.7nm Pump power: 40mW - 220mW Max output power: 0.3mW Pulse duration: 3.84μs – 1.44μs Repetition rate: 27.2 kHz- 84.8 kHz Max SNR: 43.7d |

**Quadro 4.2 Documento de avaliação comparativa**

Como se pode ver na tabela 4.2, esta mostra os objectivos e os resultados do estudo de benchmarking. Como mencionado na tabela, o objetivo desse estudo é o mesmo que o objetivo desta experiência, mas a diferença é apenas a cavidade utilizada e os resultados alcançados. Como mencionado na tabela, os impulsos Q-switch operam com um comprimento de onda de 1560,7 nm, enquanto o comprimento de onda deste estudo foi de 1560,2 nm, o que é muito próximo dos seus resultados. Além disso, a potência da bomba deste trabalho foi aumentada de 40mW para 220mW, enquanto a potência da bomba desta investigação foi aumentada de 17,3mW para 68,27mW, o que é muito inferior aos resultados que obtiveram em termos de potência da bomba, pelo que podemos dizer que este estudo é melhor em termos de eficiência energética. Além disso, a potência máxima de saída deste trabalho foi de 0,3 mW, enquanto a potência máxima de saída deste estudo foi de 7,19 mW, o que é muito superior aos seus resultados, e sempre que a potência de saída é aumentada, a energia do impulso pode aumentar, porque são diretamente proporcionais uma à outra, e sempre que a energia do impulso aumenta, isso indica a estabilidade dos impulsos Q-switched. Assim, podemos dizer que esta experiência é muito melhor em comparação com este documento de referência em termos de estabilidade do Q-switching. Além disso, a duração do pulso deste trabalho é aumentada de 3,84 μs para 1,44 μs, correspondendo à taxa de repetição de 27 kHz a 84,8 kHz, enquanto a largura do pulso deste estudo de pesquisa aumentou de 12,63 μs para 6,28 μs, correspondendo à taxa de repetição de 37,57 kHz a 56,92 kHz. Finalmente, a relação sinal-ruído (SNR) máxima deste trabalho, enquanto a SNR máxima desta experiência foi de 76dB, o que é muito superior aos seus resultados, o que indica a estabilidade do resultado dos impulsos Q-switch. Apesar de utilizarmos um laser de fibra com cavidade em anel diferente, temos de atingir os mesmos objectivos, pelo que é preferível utilizar os resultados desta experiência em termos de gestão económica e de tempo.

## 4.4. RESUMO

Neste capítulo foi demonstrado um laser EDF passivamente Q-switched utilizando dois materiais diferentes como absorvedores saturáveis SAs, o que significa que neste capítulo foram propostos ou avaliados dois resultados diferentes utilizando dois materiais diferentes. O objetivo destes resultados foi gerar um laser EDF de Q comutado utilizando materiais 2D, especialmente MoS2 e WS2, como absorvedores saturáveis SAs. Na primeira parte deste capítulo foi discutido um laser EDF passivamente Q-switched baseado em MoS2 como absorvedor saturável. Nesta secção, foi estudada a caraterização e a preparação de flocos de MoS2 SA e, além disso, os resultados obtidos foram discutidos e bem explicados. Finalmente, é apresentado o trabalho de benchmarking e comparados os resultados obtidos durante esta investigação. Na segunda parte deste capítulo é discutido um laser EDF passivamente Q-switched baseado na fase líquida do WS2 como absorvente saturável. Além disso, são explicados os resultados obtidos e, finalmente, é proposto um documento de avaliação comparativa dos resultados.

# CAPÍTULO CINCO
# CONCLUSÃO E TRABALHO FUTURO

## 5.1. CONCLUSÃO

Nesta tese, foi discutido um laser de fibra pulsada que se tornou uma ferramenta importante que facilita uma vasta gama de aplicações científicas, de saúde e de fabrico. Os lasers de fibra pulsada têm muitas caraterísticas que lhes permitem superar os lasers em massa em muitas áreas, incluindo flexibilidade, fiabilidade e natureza compacta. Atualmente, os lasers de fibra Q-switched de elevada energia de impulso têm suscitado grande interesse devido às suas potenciais aplicações na deteção de raios laser. Em geral, o Q-switch divide-se em duas partes: Q-switch passivo e Q-switch ativo, pelo que, nesta tese, foi apresentado um Q-switch passivo. Os lasers de fibra Q-switched passivos têm um design simples e compacto e, por essa razão, recebem muita atenção no seu desenvolvimento. O Q-switch passivo é quando as perdas são moduladas com um absorvedor saturável, enquanto o Q-switch ativo é quando as perdas são moduladas com um elemento ativo. Por outro lado, o desenvolvimento da tecnologia laser de impulsos ultracurtos tem sido impulsionado por uma elevada procura nos domínios da medicina e da optoelectrónica. Existem muitos absorventes saturáveis (SAs) que podem ser utilizados para gerar um laser de fibra passiva de Q comutado. Alguns desses absorventes saturáveis incluem: espelho SA semicondutor (SESAM), nanotubos de carbono de parede simples (SWCNT) e grafeno. Mas nesta investigação foram utilizados dois absorventes saturáveis de materiais 2D para demonstrar um EDFL passivamente comutado por Q, que são: flocos de dissulfureto de molibdénio (MoS2) e líquido de dissulfureto de tungsténio (WS2). As caraterísticas destes absorventes saturáveis foram também estudadas e propostas neste trabalho de investigação. Colocando este absorvedor saturável ótico numa cavidade em anel EDFL operando na região de comprimento de onda de 1550nm, foram obtidas com sucesso operações de Q-switched.

Em primeiro lugar, para iniciar o funcionamento do Q-switch, foi utilizado um material MoS2 SA na cavidade em anel do EDFL. Nessa cavidade foi utilizado um EDF de 2,8 m de comprimento como meio de ganho para obter um trem de impulsos de Q-switching estável que opera a 1559 nm à medida que a potência da bomba de 980 nm é aumentada acima da potência máxima da bomba de 14,85 mW. A taxa de repetição de impulsos variou de 28,94 kHz a 67,66 kHz, alterando a potência da bomba de 14,85 mW para 142 mW. Quando a potência da bomba atinge o seu valor máximo, o laser apresenta a potência de saída, a energia do impulso e a duração do impulso de 5,13mW, 75nJ, 4,96μs, respetivamente. A relação sinal-ruído (SNR) do espetro de RF para o laser apresentado foi de ~ 73 dB, o que indica uma boa estabilidade de Q-switching.

Na segunda parte deste estudo de investigação, foi demonstrado experimentalmente um EDFL passivamente Q-switched utilizando líquido WS2. No início, um líquido WS2 utilizado como SA foi combinado na cavidade EDFL com Q-switched que contém um EDF de 2,8 m de comprimento com um comprimento total da cavidade de cerca de 9,4 m. Foram obtidos impulsos estáveis de Q comutado passivamente aumentando a potência de entrada de 17,3mW para 68,27mW. O laser funciona na região de comprimento de onda de 1560nm, enquanto a taxa de repetição também pode ser aumentada de 37,57 kHz para 56,92 kHz. Em contrapartida, a largura do impulso diminui de 12,63 μs perto do limiar da bomba para 6,28 ps a uma potência máxima da bomba de 68,27mW. A potência de saída média máxima foi de 7,91mW a uma potência de entrada de 68,27mW. Por conseguinte, foi obtida uma energia de impulso máxima de 150nJ com a potência de entrada máxima nesta experiência. Em comparação com os resultados anteriores de Q-switched baseados em MoS2, a utilização de WS2 aumentou significativamente a energia de impulso atingível na configuração EDFL. Confirma-se que uma SNR de 37dB gerada por EDFL com Q-switched tem uma boa estabilidade.

## 5.2. RECOMENDAÇÃO E TRABALHO FUTURO

Os trabalhos futuros e as recomendações desta tese devem centrar-se na exploração de um nanomaterial como o material 0D de pontos quânticos (QDs) para a geração de lasers ultra-rápidos. Ambos os materiais MoS2 e WS2 podem também ser utilizados para desenvolver outros dispositivos fotónicos, como fotodetectores e moduladores. Propõe-se também um estudo aprofundado sobre este tema para trabalhos futuros.

# REFERÊNCIAS

Ahmad, H., Hassan, N. A., Aidit, S. N., & Tiu, Z. C. (2016). Geração de EDFL sintonizável de múltiplos comprimentos de onda usando filme fino de grafeno como meio não linear e estabilizador. Optics and Laser Technology, 81, 67-69. http:ZZdoi.org/10.1016Zj.optlastec.2016.01.024

Ahmad, H., Ruslan, N. E., Ismail, M. A., Reduan, S. A., Lee, C. S. J., Sathiyan, S., ... Harun, S. W. (2016). Laser de fibra dopada com érbio passivamente Q-switched na região da banda C com base no absorvedor saturável WS_2. Applied Optics, 55(5), 1001. http:ZZdoi.org/10.1364ZAO.55.001001

Bellemare, a, Karasek, M., Riviere, C., Babin, F., He, G., Roy, V., & Schinn, G. W. (2001). Um laser em anel de fibra dopada com érbio amplamente sintonizável: experimentação e modelação. IEEE Journal of Selected Topics in Quantum Electronics, 7(1), 22-29. http:ZZdoi.orgZ10.1109Z2944.924005

Chu, H., Zhao, S., Yang, K., Li, Y., Li, D., Li, G., ... Wang, Y. (2015). Laser Nd: GGG passivamente Qswitched com um SWCNT como absorvedor saturável. Optical and Quantum Electronics, 47(3), 697-703. http:ZZdoi.orgZ10.1007Zs11082-014- 9945-8

Da, G. O. K. I. E., Ei, W. J. I., la, F. E. X., & Hao, H. U. I. Z. (2016). Introdução ao tema: materiais bidimensionais para fotónica e optoelectrónica, 6(7), 2458-2459.

Desurvire, E., Simpson, J. R., & Becker, P. C. (1987). Amplificador de fibra de onda viajante dopado com érbio de alto ganho. Optics Letters, 12(11), 888-890. http:ZZdoi.orgZ10.1364ZOL.12.000888

Mears, R., Reekie, L., Jauncey, I., & Payne, D. (1987). Amplificador de fibra dopada com érbio de baixo ruído operando a 1,54µm. Electronics Letters, 23(19), 1026-1028. http:ZZdoi.orgZ10.1049Zel:19870719

Pan, L., Utkin, I., & Fedosejevs, R. (2007). Laser de fibra dupla revestida dopada com itérbio passivamente Q-switched com um absorvedor saturável Cr4+:YAG. IEEE Photonics Technology Letters, 19(24), 1979-1981. http:ZZdoi.orgZ10.1109ZLPT.2007.909700

Saidin, N., Ahmad, F., Zen, D. I. M., Hamida, B. A., Khan, S., Ahmad, H., ... Harun, S. W. (2013). Laser de fibra dopada com túlio de nanossegundos de grafeno passivamente Q comutado em toda a fibra a 1900 nm. Conferência Internacional IEEE 2013 sobre Instrumentação Inteligente, Medição e Aplicações, ICSIMA 2013, (novembro), 26-27. http://doi.org/10.1109/ICSIMA.2013.6717968 Saturable, F.

M., Li, H., Xia, H., Lan, C., Li, C., Zhang, X., ... Liu, Y. (2015).

Laser de fibra dopada com érbio passivamente Q -Switched, 27(1), 69-72.

Schwierz, F. (2013). Dicalcogenetos de metais de transição - Uma nova classe de materiais para a eletrónica de semicondutores? Actas da Conferência Internacional sobre ASIC, 0- 3. http://doi.org/10.1109/ASICON.2013.6811950

Tongay, S., Zhou, J., Ataca, C., Lo, K., Matthews, T. S., Li, J., ... Wu, J. (2012). Crossover termicamente acionado de indireto para bandgap direto em semicondutores 2D: MoSe2 versus MoS2. Nano Lett., 12(11), 5576-5580. http://doi.org/10.1021/nl302584w

Wu, K., Zhang, X., Wang, J., Li, X., & Chen, J. (2015). WS_2 como um absorvedor saturável para aplicações fotônicas ultrarrápidas de lasers bloqueados por modo e Q-switched. Optics Express, 23(9), 11453. http://doi.org/10.1364/OE.23.011453

Chen, B., Zhang, X., Wu, K., Wang, H., Wang, J., & Chen, J. (2015). Laser de fibra comutada Q baseado em metal de transição, *25*(20), 1752-1753. http://doi.org/10.1364/OE.23.026723.

Huang, Y., Luo, Z., Li, Y., Zhong, M., Che, K., Xu, H., ... Peng, J. (2014). laser de fibra dopada com érbio com absorvedor saturável MoS 2 de poucas camadas Resumo:, *22* (21), 803-810. http://doi.org/10.1364/OE.22.025258

Keller, U. (2000). 2.1 Lasers de estado sólido ultra-rápidos.

Khazaeinezhad, R., Hosseinzadeh, S., Nazari, T., Jeong, H., Kim, J., Choi, K., ... Oh, K. (2015). Absorção ótica saturável em nano-folha de MoS 2 depositada opticamente na faceta de fibra ótica. *Optics Communications,, 335,* 224-230.

http://doi.org/10.1016/j.optcom.2014.09.038

Kim, B. Y., Yeom, D., Khazaeinezhad, R., Nazari, T., Jeong, H., Yeom, D., & Oh, K. (2015). Q-Switching passivo de um laser totalmente de fibra usando WS 2 - cone de fibra ótica depositado Q-Switching passivo de um laser totalmente de fibra usando cone de fibra ótica depositado WS 2, *7* (5). http://doi.org/10.1109/JPHOT.2015.2481611

Luo, Z., Huang, Y., Zhong, M., Li, Y., Wu, J., Xu, B., & Xu, H. (2014). Saturable Absorber, *32*(24), 4077-4084. Ren, J., Wang, S., Cheng, Z., Yu, Zhang, H., Chen, Y., ... Wang, P. (2014). Passivamente Q-switched

Laser de fibra dopada com érbio de nanossegundos com MoS 2 como absorvente saturável,
20-22.

Tunnermann, A., Schreiber, T., & Limpert, J. (2010). Lasers e amplificadores de fibra: uma evolução do desempenho ultrarrápido, *49*(25), 71-78.

Wang, X., Wang, Y., Duan, L., Li, L., & Sun, H. (2016). ( a ) ( b ), *367,* 234-238. http://doi.org/10.1016Zj.optcom.2016.01.066

Wilson, J., & Hawkes, J. (1998). Optoelectrónica.pdf.

Wong, S. L., Liu, H., & Chi, D. (2016). Progresso recente no crescimento de deposição de vapor químico de dicalcogenetos de metal de transição bidimensionais. *Progresso no crescimento de cristais e caraterização de materiais.* http://doi.org/10.1016Zj.pcrysgrow.2016.06.002

Woodward, R. I., Howe, R. C. T., Hu, G., Torrisi, F., Zhang, M., Hasan, T., & Kelleher, E. J. R. (2015). Absorvedores saturáveis de MoS 2 de poucas camadas para tecnologia de laser de pulso curto: status atual e perspectivas futuras [Convidado], *3* (2), 30-42.

Woodward, R. I., & Kelleher, E. J. R. (2015). Absorvedores saturáveis 2D para lasers de fibra, 1440-1456. http://doi.org/10.3390/app5041440

Yap, Y. K., Ahmad, H., Chong, W. Y., Yap, Y. K., & Ahmad, H. (2015). Laser de fibra dopada com érbio de baixo limiar Q -Switched usando absorvedor saturável de dissulfeto de molibdênio preparado por meio de formação evaporítica Laser de fibra dopada com érbio de baixo limiar Q -Switched usando absorvedor saturável de dissulfeto de molibdênio preparado por meio de formação evaporítica, *7* (6). http://doi.org/10.1109/JPHOT.2015.2497582

Zhu, W., Qian, L., & Helmy, A. S. (n.d.). Implementação de três dispositivos funcionais utilizando fibras dopadas com érbio: um laboratório de fotónica avançada, (416), 110.

MIX
Papier aus verantwortungsvollen Quellen
Paper from responsible sources
FSC® C105338

Printed by Books on Demand GmbH, Norderstedt / Germany